U0330774

卷首语

　　本期主题报道"最成都——漫谈城市居住文化传承"由《住区》和西南交通大学建筑学院联合主办。

　　休闲而巴适，早已是成都的代名词。然而，巴适成都真的可以在巴适了数百年之后，还永远巴适下去吗？"5.12"特大地震瞬间让成都从享乐天堂跌入恐慌地狱，之后，在余震不断中，巴适的成都人有点动摇了。

　　不过，今天看来，这些都不算真正的挑战。真正的挑战来自成都城市本身。

　　如今成都的宏伟蓝图与城市面貌，已经令很多老成都人感到了变化的冲击。

　　代表速度与效率的地铁正在成都南北、东西轴线上划十字，它们一旦完工，成都的时间概念将比现在深刻很多；正在崛起的南部城区以国际化的都市面貌向老城区宣示着"什么是新的，什么叫档次"；那旁顾无他、无所畏惧的"大手笔"喝茶气势已经被限制在一些特定的区域，变得阳春白雪了很多；作为老成都今日名片的宽窄巷子，市井味已经淡化，现代与时尚成为这里的主要气息，述说着城市改造中资本推动历史前进的不可逆转的步伐。

　　如果成都失去了它最具有特质的草根性，还是不是成都？

　　也许我们的担心是多余的。正如我们在成都深入调研后产生的："成都——不依托城市公共空间的逸乐生活"。精神空间与物质空间的错位，折射出地域城市迈向国际都市的矛盾，但同时也是城市传统文化生命力的体现，这正是"时过境未迁"，人们心目中"最成都"的根本。

　　本期"海外视野"栏目详尽介绍了西班牙的社会住宅政策及实践。中国与西班牙在住宅政策上非常相似。比如都倾斜于私有化的住房政策。从1949年以来，中国的住房政策一直在寻找一种惟一的、最佳的住房保有权形式。也许，未来中国住房问题的答案并不在于找到某种惟一正确的住房形式，而是在住房政策的制定中采取一种住宅保有权中立的立场，使得私人租赁住房、政府住房、市场化私有住房、甚至合作社住房等不同的住房保有权形式都能得到充分的发展，其保有权获得法律的保障，从而为社会各个阶层提供多样性的住房解决途径。

　　本期新推出的"地理建筑"栏目，从地理学的视角、思维和方法来研究建筑现象和建构过程，为读者打开一面新视觉。变化中的《住区》还期盼您的积极参与。

总第36期 02/2009

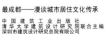

DESIGN
COMMUNITY 住区

最成都——漫谈城市居住文化传承

中国建筑工业出版社
清华大学建筑设计研究院联合主编
深圳市建筑设计研究总院有限公司

图书在版编目（CIP）数据

住区.2009年.第2期/《住区》编委会编.
—北京：中国建筑工业出版社，2009
ISBN 978-7-112-10860-2

Ⅰ.住…Ⅱ.住…Ⅲ.住宅-建筑设计-世界
Ⅳ.TU241

中国版本图书馆CIP数据核字（2009）第045361号

开本：965×1270毫米1/16　印张：7½
2009年4月第一版　2009年4月第一次印刷
定价：36.00元
ISBN 978-7-112-10860-2
　　　　　（18111）
中国建筑工业出版社出版、发行（北京西郊百万庄）
各地新华书店、建筑书店经销

利丰雅高印刷（深圳）有限公司制版
利丰雅高印刷（深圳）有限公司印刷
本社网址：http://www.cabp.com.cn
网上书店：http://www.china-building.com.cn

版权所有　翻印必究
如有印装质量问题，可寄本社退换
（邮政编码 100037）

目录

住区
COMMUNITY DESIGN

中国建筑工业出版社

联合主编：清华大学建筑设计研究院
深圳市建筑设计研究总院有限公司

编委会顾问：宋春华　谢家瑾　聂梅生
顾云昌

编委会主任：赵　晨

编委会副主任：孟建民　张惠珍

编　委：（按姓氏笔画为序）
万　钧　王朝晖　李永阳
李　敏　伍　江　刘东卫
刘晓钟　刘燕辉　张　杰
张华纲　张　翼　季元振
陈一峰　陈燕萍　金笠铭
赵文凯　邵　磊　胡绍学
曹涵芬　董　卫　薛　峰
魏宏扬

名誉主编：胡绍学
主编：庄惟敏
副主编：张　翼　叶　青　薛　峰
执行主编：戴　静
执行副主编：王　韬
责任编辑：王　潇　丁　夏
本期特约编辑：王　蔚
特约编辑：胡明俊
美术编辑：付俊玲
摄影编辑：陈　勇
学术策划人：饶小军

专栏主持人：周燕珉　卫翠芷　楚先锋
范肃宁　汪　芳　何建清
贺承军　方晓风　周静敏

海外编辑：柳　敏（美国）
张亚津（德国）
何　崴（德国）
孙菁芬（德国）
叶晓健（日本）

理事单位：上海柏涛建筑设计咨询有限公司

CONTENTS

封面：东汉说唱俑

建筑设计咨询：上海柏涛建筑设计咨询有限公司
澳大利亚柏涛（墨尔本）建筑设计有限公司中国合作机构
理事成员：何永屹

中国建筑设计研究院
中国建筑设计研究院
CHINA ARCHITECTURE DESIGN & RESEARCH GROUP

北京源树景观规划设计事务所
R-Land
北京源树景观规划设计事务所
Transfer station of Landscape Planning and Design Beijing
http://www.ys-rbs.com
理事成员：胡海波

澳大利亚道克设计咨询有限公司
DECO
澳大利亚道克设计咨询有限公司
DECO-LAND DESIGNING CONSULTANTS (AUSTRALIA)

北京擅亿景城市建筑景观设计事务所
SYJ
Beijing SYJ Architecture Landscape Design Atelier
www.shanyijing.com　Email:bjsyj2007@126.com
理事成员：刘　岳

华森建筑与工程设计顾问有限公司
华森设计　HSA
HSARCHITECTS
理事成员：叶林青

协作网络：　http://www.abbs.com.cn
ABBS.com.cn
Architecture　BBS

主题报道

Theme Report

"最成都"——漫谈城市居住文化传承

"Chengdu-est" - on the Continuity of Urban Residential Culture

主题报道特约策划人：
西南交通大学建筑学院　沈中伟　院长
西南交通大学建筑学院　王　蔚　教授

　　本期主题报道由《住区》和西南交通大学建筑学院联合主办。重点探讨成都居住文化在现代城市化进程中的传承问题。

　　休闲而巴适，早已是成都的代名词。然而，巴适成都真的可以在巴适了数百年之后，还永远巴适下去吗？"5.12"特大地震瞬间让成都从享乐天堂跌入恐慌地狱，之后，在余震不断中，巴适的成都人有点动摇了。

　　不过，今天看来，这些都不算真正的挑战。真正的挑战来自成都城市本身。

　　如今成都的宏伟蓝图与城市面貌，已经令很多老成都人感到了变化的冲击。

　　代表速度与效率的地铁正在成都南北、东西轴线上划十字，它们一旦完工，成都的时间概念将比现在深刻很多；正在崛起的南部城区以国际化的都市面貌向老城区宣示着"什么是新的，什么叫档次"；那旁顾无他、无所畏惧的"大手笔"喝茶气势已经被限制在一些特定的区域，变得阳春白雪了很多；作为老成都今日名片的宽窄巷子，市井味已经淡化，现代与时尚成为这里的主要气息，述说着城市改造中资本推动历史前进的不可逆转的步伐。

　　如果成都失去了它最具有特质的草根性，还是不是成都？在现代速度与城市格调的提升中，成都人对于巴适的理解受到了真正的挑战。

　　成都的天赋富足造就了其宽容的个性，也因此为执政者的理想蓝图提供了画板。成都能否在大城梦想中继续巴适下去，不仅取决于理想与现实的取舍，还取决于成都人对于巴适的理解更新。或者像我们在成都深入调研后产生的："成都——不依托城市公共空间的逸乐生活"。

　　时间终将检验这一切。

*右页照片由余坪摄影

印象成都 *The Impression of Chengdu*

姓　　名：马特
年　　龄：31
来　　自：新加坡
职　　业：系统分析师
采访地点：成都文殊坊

1.是否首次来成都旅游？

答：不是的，以前曾经来成都旅游过一次，这次来，是受成都当地一个朋友的邀请。

2.对成都的印象如何？它在哪些方面吸引你？

答：成都是个好地方，生活节奏不是太快，是一个非常休闲，并且文化底蕴很好的城市。有很多美食。这里的东西都很美味，好吃的实在太多了，特别是成都的火锅，我的神啊，那真是太好吃了，哈哈，那个叫钦膳斋的餐馆真是一级棒。成都的休闲场所也很多，非常适合放松，适合生活。

3.还去过哪些国家与城市？相比而言，怎样给成都定位？同其他城市相比最大的特征在哪里？

答：中国就只去过北京，其他国家还去过吉隆坡、曼谷、普吉岛、雅加达等等。怎样给成都定位？是休闲城市吧。成都给我整体的感觉就是悠闲。她的生活节奏没有其他城市那么快，悠闲而放松。这是她最大的特点，而且成都不张扬，不像很多大城市那样有种张扬的感觉，成都比较内敛，但是内涵很多。你如果去曼谷，就会觉得，张扬的表面下，没了，空的。香港，张扬的下面，还是张扬，人家张扬得起。成都的内敛，内涵，就好像成都的火锅，看起来普普通通，吃起来却味美无比，值得细细品味，是非常难得的。

4.在成都期间，对这里的生活有什么感受？是否便利舒适？遇到了什么困难？

答：这里的绝大部分人比较友善，生活起来很舒适，适合长期居住。没有遇到过困难。我这次住的是西藏饭店。非常喜欢那里，上次来成都也是住的那里。

5.将来还会再到成都旅游吗？

答：有机会一定会的，因为喜欢这样的生活环境与氛围。我走过很多地方，我希望城市可以保留自己的特点，北京就没保留。成都自己的特色也在慢慢消失，但比北京还慢了一些，我希望别那么快消失。

姓　　名：苏轩
年　　龄：38
来　　自：北京
职　　业：服装销售
采访地点：成都锦里

1.是否首次来成都旅游？

答：是的，因为我很喜欢四川，以前在电视、杂志上看到峨眉山、九寨沟的报道就非常向往。但是一直没有机会来，前几天好不容易有点闲暇时间，就第一次来到了成都，其实我这次主要的目标是九寨沟，顺便也来成都旅游一下。

2.对成都的印象如何？它在哪些方面吸引你？

答：我对成都的印象非常好，因为成都附近的美景很多，而且还有美食，更重要的是还有闲散的生活，我在北京的日子和在成都的日子是完全不同的，前者是为事业而生活，后者是为生活而生活。交通方面，成都的城市规划比起北京来说要好很多，交通很便利，很容易到达目的地。另外成都的物价很便宜，特别是吃的东西，但是火锅我不太习惯，我很奇怪里面怎么没有放盐呢。我这几天在成都期间游览了文殊坊、青羊宫、锦里等等，这几个街区的传统文化感非常浓厚。都给我留下了深刻的印象。

3.还去过哪些国家与城市？相比而言，怎样给成都定位？同其他城市相比最大的特征在哪里？

答：国外没有去过，国内的城市去过昆明、大理、杭州、苏州、香港这几个。和这些城市相比，成都更加适合生活，是很悠闲的一个城市，我给成都定位为悠闲。不过，这里最大的特点是季节不分明，天空不明亮，很少看到太阳。我来的这几天天气都是阴沉沉的。

4.在成都期间，对这里的生活有什么感受？是否便利舒适？遇到了什么困难？

答：生活很悠闲，衣食住行都很便利。没有遇到困难。交通上面很方便，一般只要看了地图都能够比较容易地找到目的地。

5.将来还会再到成都旅游吗？

答：有时间的话应该会，因为成都很好玩，而且我也爱上九寨沟了。

姓　　名：于波
年　　龄：27
来　　自：广东
职　　业：物流
采访地点：成都锦里

1.是否首次来成都旅游？

答：是，因为前不久公司给了我一次休假，我就计划去探望我大学时期的同学，他现在在成都工作。

2.对成都的印象如何？它在哪些方面吸引你？

答：很好！很不错！我最喜欢成都的一点就是在下午的时候，坐在河边的露天茶铺喝一下午的茶，吃点小点心，或者花生、瓜子也可以，看周围的流水和行人。到了晚上的时候再去吃麻辣餐。半夜还可以下楼去烤串串香吃，不必担心要加班，也不用担心工作没有做完。这里的生活很悠闲，在广州呆得久了，这样的放松很难得。广州的生活节奏实在太快，所以来到成都，感觉一下子就放松了很多，人的心情也慢慢地平静下来，少了许多压力和烦恼。这里的悠闲氛围很适合生活，而且成都周围地区的风景也不错，还有很多美味的小吃，我很喜欢川菜。

3.还去过哪些国家与城市？相比而言，怎样给成都定位？同其他城市相比最大的特征在哪里？

答：还去过凤凰，但是跟成都是完全不同的感觉吧，怎么比较，凤凰是质朴的话，成都应该就是慵懒的，这是我对成都的定位。但是不管质朴也好，慵懒也好，都是现代人在浮躁而又忙碌的生活中很难找到的感觉，所以都很珍贵。

4.在成都期间，对这里的生活有什么感受？是否便利舒适？遇到了什么困难？

答：我喜欢成都，因为这里是享受生活的好地方，我想起了那个关于渔夫和富翁的故事，成都人就是那个懂得生活的，悠闲的晒太阳的渔夫，人生就是应该这样小富即安。在这里一切都便利舒适，没有什么困难。这里的人很热情，问路的时候都很耐心，而且四川话听起来也比较好懂，没有什么大的障碍。

5.将来还会再到成都旅游吗？

答：我的假期马上就要结束，稍微有点遗憾，因为还有很多好玩的，好吃的，我都还没有享受到，但以后如果还有机会，我一定还会再来，来这里度假，感受轻松、悠闲的生活。

姓　　名：白小小
年　　龄：22
来　　自：重庆
职　　业：自由职业者（网店经营者兼业余网络写手）
采访地点：成都火车北站

1.是否首次来成都旅游？

答：不是，以前来过很多次了，这次是因为成都本地的一个亲戚过生日，就顺便在成都四处逛逛，旅游一下。

2.对成都的印象如何？它在哪些方面吸引你？

答：我是重庆人，经常来成都，对成都比较熟悉。我感觉和重庆不同，成都除了少数几个地方，比如盐市口、春熙路等等这些市中心的地带以外，其他的地方都不是很繁华，可能由于成都太大了，一些靠近郊区的地方还比较荒凉，成都整体的发展不是很均衡。我觉得成都的风景区很不错，特别是周边的一些景区，比如像青城山、都江堰、三圣花乡之类。然后，可能是因为成都和重庆的生活、文化都大同小异的关系，我在成都期间没有什么陌生感，当然，也就没有一些很特别的，或者很新奇的地方吸引我。

3.还去过哪些国家与城市？相比而言，怎样给成都定位？同其他的特征在哪里？

答：我去过国内很多城市，因为我可以自由安排时间，我喜欢到处旅游。与其他城市相比，成都是一个安静的地方，生活的节奏很慢很

悠闲，要定位的话就是悠闲的城市吧。但是可惜商圈太少了，都没有足够的渠道来给我的网店进货，这一点上我觉得成都的发展空间有待进一步提高。至于成都最大的特征是什么，我想，应该是交通费用低廉，车费挺便宜的。

4.在成都期间，对这里的生活有什么感受？是否便利舒适？遇到了什么困难？

答：感受就是生活的节奏放慢了很多。还算便利，最大的困难就是偶尔迷路。

5.将来还会再到成都旅游吗？

答：还会的，因为成都的风景感觉还不错，而且从重庆过来也很方便，还可以去看看亲戚。四川那边的死海是我下次去的地方。

姓　　名：黄立
年　　龄：36
来　　自：贵州
职　　业：医生
采访地点：成都锦里

1.是否首次来成都旅游？

答：不是第一次来成都，常来成都旅游的原因是贵州到四川比较近，交通较为方便，且四川的旅游资源较为丰富。

2.对成都的印象如何？它在哪些方面吸引你？

答：对成都整体感觉不错，除了天气以外。我自己是一个美食爱好者，因此，成都最吸引我的地方是本地的饮食文化和小吃。

3.还去过哪些国家与城市？相比而言，怎样给成都定位？同其他城市相比最大的特征在哪里？

答：曾经去过上海与北京旅游。相比之下成都整体的城市建设还是要差一点，主要是城市规模上，觉得成都是一个生活节奏缓慢的中型城市，城市给我的印象是传统文化氛围较浓，仿古的商业旅游点多，甚至一些高架桥下的柱子装饰也采用传统图案，与其他城市不同。

4.在成都期间，对这里的生活有什么感受？是否便利舒适？遇到了什么困难？

答：成都生活最大的特点就是节奏慢，很悠闲、舒服。生活的便利程度一般，比如跟上海比的话，24小时便利店就显得不够多。感觉不是很适应的事情应该是交通，可能是因为没有轨道交通的关系，公共交通显得不是很便利。

5.将来还会再到成都旅游吗？

答：应该还会再来，具体决定还视当时状况而定。

关于城市与居住的成都记忆

何郝炬

何郝炬，1922年生于四川成都。少年时参加革命，抗日战争中一直在北方敌后坚持对敌斗争。解放战争中，先后在淮海、渡江、解放西南等战役中做战勤工作。新中国成立后曾任国家建筑工程部副部长、四川省副省长、四川省人大常委会主任。1995年离休。

何老，在成都建设史上留下浓墨重彩的一位老人，预约采访他时，很有些忐忑不安，担心会被拒绝。采访最后成行，在何老的家中，比预约时间早到，何老在外下棋。我想：每一位老人，都能闲适而自我地在一个城市安度晚年，这个城市可谓一个宜居的城市了。

成都居住空间的演变

居住空间从历史上讲有两个概念，一个是传统城镇的居住格调，另一个是现代化的居住群体。对于成都历史居民的调查很费时间与精力，现在只有个别街区或特定建筑作为历史文物保存，再找原汁原味的传统民居很难了。

成都一直都有城市规划，其自秦朝"龟城"始，便划分有皇城、宫殿以及老百姓居住的区域。但同时，成都城市的发展亦多少有些自然形成，比如靠水。中国古代城市中水的流向不同，各具特点。武汉顺长江发展，成都的老房子则沿河而建，如玉带桥、老白沙等。

解放后，成都发展为三大块：皇城、老城片区；满清时代西门外达官贵人聚居的合院片区；解放后发展的东郊工业区。

成都住宅的发展主线

成都现代意义上的住宅建设主要沿两条主线发展起来：一是随着工业交通运输的发展而发展；另一个是随着学校建设的发展而发展。

伴随新的工业交通运输（如成渝铁路）发展起来的成都住宅，带来了本地最早的单元式住宅，当时称为"铁半城"。其由一个工作、生活的大院，形成一个庞大的系统，为城市增加了1~2万人。

中国历史上曾经有一个在经济成就上不亚于今天的、短暂的黄金时期，那就是50年代的"一五"（1953~1957）时期。其间，我国的GDP增长达到了令人惊讶的12%，而且在短短数年内，传统消费性的中国城市被迅速转化为现代工业基础上的生产性城市。该时期的建筑成就至今影响着中国城市的发展格局，很多大城市的第一个总体规划就是在这时完成的，城市功能布局、路网结构等决定性要素也是在这时奠定的。

成都也不例外，在20世纪50年代进行了建国后第一个总体规划的编制，当时马识途是四川省城建局局长。在前苏联专家的指导下，我

们对东郊采用了街坊式的城市规划建设。当时在东郊已经有5家引进了前苏联工艺的工厂，它们是我负责修的。

街坊是这个时期代表性的居住区格局，社会主义内容、民族形式的折衷式建筑风格则是这个时期典型的建筑语言。

但是，随着城市化进程的加剧，50年代的街坊一个接一个地被推倒，一个黄金时代的记忆逐渐被尘封。即使有少许幸存的街坊，但是由于种种原因造成了缺乏维护管理，也处于岌岌可危的衰败状态。成都城北的曹家巷由于拆迁费用高，目前还没有拆。

当时在街坊建设中，我们修建了两室一厅、三室一厅的户型，设有卫生间、餐厅、玄关，整个面积70m²，三间卧室，面积在12~16m²左右。当时的成都人认为很奢侈。

成都大学多，解放前就有四川大学、华西大学，解放后有十几个，如东郊电子工业大学、地质学院、西南交通大学等。工厂来了，学校来了，住宅便随之而来。其兴旺是随着这些项目而发展的。这种状态断断续续地形成，一直维持到文化大革命前，但仅有一个大体而非详细的规划。

成都城市建设方面散谈

1958年，全国做了十大建筑，省里决定：成都也做一些大型的城市建筑，如锦江大礼堂、锦江宾馆、四川宾馆、省委办公楼等，当时政府认为成都整体格局不好，开了一条南北干道，破坏了华西大学的范围。

在改革开放初期，全国每个城市都急于发展，改变原有规划的现状，当时成都想定位为全面的工业城市。但我对成都性质的定义是："四川省省会，历史文化名城，科技、教育中心，机械电子工业中心"。上报中央，当时有人不理解，现在证明是对的。

现在回头再看传统民居的传承问题，已经很难做了。浣花溪，当时为成都的郊区，青羊宫、三巷子虽定为保留，但内部乱改建。城市发展完全按照传统民居修建不可行，根本不现代化，这是发展与传承的矛盾。我想城市的发展离不开当时的环境与社会。

成都有些做法，比如发展森林城市，将良田变为绿化，作为城市森林面积扩大，我不认可，因为农村土地很宝贵。在城市化进程中有人认为我们守着土地做农业不如发展国际大都会有前景，于是大部分土地被占用。

向前走，成都要不停扩大。我们不禁要问：一个城市的宜居尺度到底在哪里？宝贵的耕地能不能再被蚕食？

变迁中的成都

肖林

肖林，1960年毕业于清华大学建筑系，先后任四川省规划设计院技术员，西南建筑设计院技术员、建筑师、副院长、院长。1985年离休。

成都居住建筑的变迁

关于中国住宅领域从50年代后期到现在的变化，中国建筑西南设

计研究院建设的住宅是有一定代表性的。

西南院最初由重庆搬迁至成都，于1956年开始建设。当时的住宅是50年代的砖混三层楼，受前苏联影响，纵墙承重，五开间，一梯三户，很典型的平面。前苏联的住宅大都东西向，不强调朝向、穿堂风等，但当时我们对它也并不大了解，去过的人也很少，因此可以说这种影响其实是无形的。这些街坊式住宅的尺度和空间感觉都不错，但当时西南院的设计不符合抗震要求，采用的水泥标号很低，后来作为危房，加之缺少地皮，就把它们拆掉了。

总地来说，我国50年代建的住宅，都是本土的建筑师设计的，最常见的是3层的住宅。而发展到后来，比如西南院，就是把3层的拆掉建30层的住宅。50年代中国街坊布置的低层住宅，当然是跟中国的实际情况相关的，土地和人口的问题客观地要求我们走这条路。

50年代的公共建筑在西南院也有代表作。其办公楼便是"一五"时期社会主义内容、民族形式的保留建筑，5层楼，在檐口做了处理，窗间墙做了线脚，较为简洁大方，在当时算是比较有代表性的了，后面有很多建筑模仿这个办公楼。"一五"时期的建筑受前苏联的影响，但是其建筑形式是与中国的传统相结合的，比如三段式的建筑风格。

解放初期，成都有一些民国时期的房子，是二三十年代一些军阀和地主盖的，很有特点，但是现在都拆了。它不是传统的合院，受了西方的影响，院子里一栋栋的小洋房，青砖白缝、花玻璃窗、坡屋顶、木地板……最初是一个大家族居住在里面，后来搬进去很多家。

改革开发以后，公共建筑比较能引起大家的兴趣。在居住建筑方面，市场的作用越来越大，设计师的发言权越来越小。最初的开发商由于素质有限，建成的住宅质量也很受影响。现在住宅的水平有了很大的提升，开发商见多识广，水平也提高了。比如现在很强调小区的环境、绿化，有的开发商即使没钱都要把这些先做出来，因为能卖得出去。

现在在成都，有的开发商建造大型社区，实行封闭式管理，居住其中的人可能不会在乎，因为开发商可以提供条件，保证他们生活方便，所以不会觉得不好。但这对城市来说是一个消极因素，因为辅助设施、交通等很难进入这些相对封闭的社区。

我们现在的发展并未进入到从城市总体考虑的阶段，而国外可能每个社区会考虑到不同阶层的人群以及他们之间的交往。开发商提出的"为人服务"，其实是狭义的为特定的群体服务，而不是以城市总体良好的居住环境为出发点。因为原来居住的人已经搬走了，曾经的社会结构也就被破坏了。这些住在新小区的人可以老死不相往来，甚至对门的邻居都不认识，既不用打招呼，也不会交往。这跟以前在单位大院或者更早的合院的居住性质完全不同了。

生活的成都 变迁的成都

成都是一个适合居住的城市，以前那种小巷子，有人挑着担子走街串巷卖担担面、米花糖……晚上还有人把小吃送到你家门口，打麻将的时候就有人送上门来，很便宜。现在的成都很少这种小街小巷

了。从楼顶看整个城市的肌理，可能跟其他的城市没有多大区别。6层左右的居住小区，零星地间插一些高层。

成都的气候对比60年代，已经发生了很大的变化。六七十年代的时候雨水很丰沛，而且常常是晚上下，白天就停了。早晨清凉，中午开始热，下午有点闷，傍晚就开始下雨，到第二天早晨又很舒服了。以前的成都很凉快，现在人增加了，工业增加了，雨水少了，日照却多了。

再说到建筑方面，宽窄巷子虽然得到了保护，但是也已经面目全非。因为觉悟到这一点的时候，已经拆得差不多了，尤其是精华已经全拆掉了。80年代的时候我还拍了些老照片，包括合院的门楼，都不太一样的，朝向也有讲究，不会平行于街道的。宽窄巷子我们也去搞过规划，当时大多是原住民住在那里，还有原来的地主。改建之后已经面目全非了，人都搬走了，性质也变成旅游而非居住了，所以其实谈不上什么保护。唯一留下来的是街道的骨架、尺度，但曾经的合院和建筑本身已经不复存在。而像锦里，则是借武侯祠旁边剩下来的空间新建的仿古街，也算利用得比较巧妙。

在城市化进程中，单方面强调城市的保护是不行的。规划师、建筑师在这方面也深感无能为力！所有的城市不会满足于仅仅成为一个居住的城市，一定要发展产业，这样它的经济才能发展起来。一个城市在拼命扩张的过程中，交通肯定是最主要的一个问题。中国以往的城市大都采用大尺度、低密度的道路系统，而这种模式对于像成都这种居住性强的城市的生活方式是一种很大的挑战和否定。因为如果采用小尺度街道和高密度的路网，也能达到通行的目的，同时还能兼顾生活的方便性。但现在包括很多县城，都在修大马路。本来很多小县城是很有条件成为宜居城市的，但是他们认为大马路会带来经济的繁荣，都在互相攀比，觉得路越宽越好，房子也越盖越高，然而事实并非如此。大马路是为车服务的，西方国家发展到一定阶段便会考虑到自行车的出行，从而开辟专门的自行车道。

如果我们觉悟得早点的话，不一定把大拆大建的方式带到老城里来。现在我们很多城市珍贵的东西都破坏掉了。当然我们的建筑本身也有限制，大都是木结构的，自身耐久性差，木材又很缺乏，维修也成问题。原来我们也认为应该努力，要呼吁、坚持，但是后来觉得无能为力。

在城市传承固有的传统和特色方面，我觉得上海做得还算不错。其里弄住宅，在当时的条件之下，解决了较多人的居住问题，具有一定的合理性。现在上海人已经有这种意识，认为这些里弄住宅应该作为城市历史的一部分或者说一个阶段的记忆而保留下来。它们大多是砖木或者砖混结构，那里的街道也不像成都破坏得这么厉害，像五六十年代人民南路的规划，就把华西坝一分为二了。

城市化进程是无法阻挡的，在成都，一方面我们看到经过演变的茶楼，渐渐地高档化，与市井无关了。另一方面，公园里也还保留着一些风格轻松的茶馆，随处可见。这便是变迁中的成都生活吧。

巴蜀的文化传统

廖全京

廖全京，四川省戏剧家协会副主席兼秘书长，中国戏剧家协会理事，四川省作家协会主席团委员，四川省文艺评论家协会副主席、研究员。他长期从事戏剧研究与戏剧理论、戏剧批评、文学评论工作，同时进行散文、诗歌创作。相关专著与论文均在业界内得到了广泛的赞誉，屡获殊荣。

巴蜀文化有几个突出特点。

一是崇文，比如文章、文采、文脉……其从远古、秦汉以来一直保有这个传统。强调家学渊源、文脉传承。四川人把文章的地位看得很高，也很推崇与敬重文化人，这是其他很多省份所没有的。我出生在湖北武汉，与成都两相对比，其便显得浮躁，缺乏文化底蕴，是一个纯商业化的城市，市民的文化水平普遍较低。作为一个商业口岸，武汉的各种工人和商人比较多，他们的行为方式较成都人的文雅细腻就显得粗俗。

二是尚艺，即崇尚工艺。成都较早便进入了农耕社会、小农经济，主要是因为这里的土壤肥沃、气候温和，四川人又比较勤劳，精耕细作，因此推崇精致细腻的工艺，强调工艺性。无论耕种、烹饪、造酒，乃至蜀锦、蜀绣、早期的养蚕，都是如此。比如三星堆的文物，从工艺水平上讲，恐怕是当时最高的。四川生活的"讲究"便受此影响甚大。

三是包容。四川本身就是移民省份，很多人来自外省。在我国的历史上，有几次移民入川：第一次是秦灭蜀之后，大批移民进入四川；第二次是抗战时期的内迁，重庆与成都是两个重点城市；最后一次，便是60年代的支援"三线"。这三次大规模移民造就了川人的包容心态。过去文学界争论四川有所谓"盆地意识"，这当然也是一个方面。但从古代来看，四川还是很包容。仅以地方戏曲为例，其他省份戏剧的声腔一般都是一种，比如京剧为皮黄声腔，而其源流也就是两三个剧种。而川剧则有5种声腔——昆、高、胡、弹、灯。其中前4种皆是吸纳过来的，只有灯戏才是四川本地的，类似民歌、小调，而且其在川剧中所占比重较小，比重最大的是高腔。川剧的"五腔共和"正恰如其分地说明了四川文化的包容。

四是厚生，即尊重生命。这源于四川受孔孟之道的沾染较少，影响亦较小。究其原因，一是孔孟之道发源在北方，而四川则偏安南隅；二是川地的很多土著与各少数民族，如羌族、彝族、藏族……处于混居的状态。孔孟之道在明清以来的宋明理学中，是不看重生命的，女人的生命更是如此，但四川人不这样看。比如作家李劼人的小说《死水微澜》中描写了一个主要人物——邓幺姑，便是典型的四川人思想，天不怕地不怕，没有条框，追求自我生活的质量。有人评价是反封建，太夸大了，她只是尊崇生命。

还有一点便是中庸平和，不激烈。但并非没有原则，可以说是"外圆内方"，这同当地温文尔雅的气候、环境都有关系。

以上几点便是四川文化的传统，我们应该在现代的城市建设中予以发扬，而不能使城市被异化。

古镇之思

周馨

周馨，出生于北京，成长于成都。做过大学教师，公司副总，财务总监，广告人。足迹曾远至亚非欧，自认为旅行和阅读是人生最好的境界，并愿意为之努力工作。

近几年我流连于古镇，又失落于古镇。

以前很多古朴的村镇已开发为成熟的旅游地，衣着光鲜，油漆覆盖了老镇的年轮，好似一个个年迈的老妪，突然扮作一个妙龄女子，扭捏作态，让人倍感痛楚。成都平原的许多古镇，平乐、黄龙溪、街子、洛带乃至安仁，已非往日面目，在这里，我们已经找不到家的感觉。更为甚者，几乎所有的旅游基地都还在盲目扩建，新老建筑鱼目混珠，地方政府似乎不把一个镇变成一座城誓不罢休。这一拆一建，将我们与古老的文明慢慢地切断了！

我最近去了一次尚未开发的大邑新场，其有一条长达千米的老街基本保留完好，让人印象深刻。狭窄的街道旁破旧但整齐的门板房，杂货铺里的烘笼儿、丫头扫把，墙角的苔藓，在门前踱方步的鸡群，胡奔乱串的狗儿……原住民在屋前房后忙进忙出，乐不可支。这时我才突然悟到，为什么中国大部分的古镇都有基本相同的建筑格局、相似的居住形态及雷同的生活方式。对于生产力极其低下的广大地区，千百年来，除了人口不断增长的因素，这样的居住格局，逐水而居，亲近自然，胡同、里弄、巷子，家家相望，大家相互取暖，同生共灭，也加快了信息传递的效率，它隐含着我们民族的古老智慧与生存哲学。

在这条古街的背后，即古镇的旁边，一条大河——沱江正匆匆流过。由于是枯水季节，河床里露出了大片的石滩，河水在阳光下像一条银色的缎带，闪着耀眼的光芒。河两旁的川西平原上，庐舍相接、田畴相望，百鸟啼鸣，鸟语花香，天高地远，静谧安详。

新场所呈现的一切，还原给我一个完整而遥远的童年梦幻，我置身其中，突然不知道身居何处，将信将疑。我断定新场居民的生活不够舒适富足，甚至是贫穷的，但我可以肯定其是生态、环保、闲适的。囿于居住的形态，包括衣物都要拿出来晾晒经紫外线消毒，所有的食物，均可现吃现买现采；冷了手里提个烘笼儿，自己坐的那一团就温暖起来；心里郁闷了，只要往门口一坐，街坊邻居都是业余的心理医生，七嘴八舌，心里就透亮了。在工程完工之前，最近我还得去一次新场，感受那里逢2、4、7天赶场的景象，我想和四面八方赶来的老乡摩肩擦踵地挤一盘，分享他们的喜怒哀乐。新场，还在勉强地继续一个古老的故事。

实际上，当我站在小镇镇口的瞬间，心中就已经充满了忧虑和迷茫。在镇口，巨大的挖掘机、推土机和工程车正在发出冲天的咆哮，保存完整、颇具规模的一千多米的小镇主路已被开膛破腹，无一寸幸免。不过我们还是很庆幸，这个小城终于拥有下水系统了。我们不敢想象，包装以后的新场会是什么样子。在镇上，我们遇见一个自告奋勇的中年导游，他热情而业余地向我们介绍这里的一切，在河边，他推荐说，你们快来河边买房吧，修个四合院，既好租，又可以自己做生意。小镇的居民正热切地盼望走上现代化的道路，他们为致富而鼓舞，这是天经地义的愿望，就连我们自己，也坚决不愿意走在东大街上，看到的还是新场的场景。问题是我们在保留传统和迈向现代化之间，如何能做的更好？

现在的古镇，应定位为原居民的生活之本，忆古抚今之地，还是娱乐休闲的布景舞台？

来自成都的回忆

玛丽安

作为一名美国教授，我曾在2005年秋季学期第一次到成都教学。2008年秋天，我再次来到了这里。

在成都，我通常坐公共汽车出行。在交通拥堵时，坐在公共汽车上比坐在出租车里有更好的视点观察周边场景——街道、建筑、商店、公园和人。在一环路的玉林站，我登上了一辆公共汽车。以前它沿一环路东行，然后北转到达人民南路；而现在，它在玉林转弯，穿过一片片居住街坊，最终来到人民路。这些居住街坊看上去都差不多，沿街的底层是商店，其上是4~6层的住宅，还有一些更高的、12层左右的建筑。人民路上发生了巨大的变化，最显著的是一路上被高大的蓝色临时围墙包围起来的、施工中的地铁工地。

在天府广场，2005年时的蓝色建筑工地没有了，取而代之的是一个以绿色和金色为主色调的美丽的公园，有现代感，同时使用了传统的格局。这种现代与传统的结合是我最喜欢的成都风格，也是我带回美国的最为悦目的回忆。这是一个吸引人的城市广场，在优雅的街灯、雕塑和喷泉之间，我看到了享受星期日下午的人们。广场周边混合着各种现代砖建筑、传统中式建筑和当下流行的钢与玻璃建筑。两只从地下蜿蜒而出的巨龙伸向天空，在很远处就可以看到，以中国式的形象标志着广场地下的公共空间。被公园和广场覆盖着的则是新的地铁换乘中心。

成都是一个地方城市，一个国家性城市，也是一个国际城市。

所谓地方城市的方面包括河流，其上的桥梁和两侧的步行道。竹园和观河公园是我最喜欢的两个地方。成都的公园随处可见，其中的建筑、庙宇，以及传统的茶馆、小饭馆和火锅店应该予以保护，它们代表了这个城市传统、闲适的生活方式。

国家城市的层面表现在写字楼、购物中心、高层住宅和一些高层公寓混合体、工业和高科技园区、会议中心、博物馆和行政建筑，它们赋予了"新中国"具体的形象。四川大学博物馆与金沙遗址博物馆提供了美妙的几何形体，并且有着方便步行者的设计。而跨越铁路的人民南路大桥则以其成都式的装饰，展现了成都现代的一面。此外，成都的许多大学也是其现代性、国家性的一个重要方面。

国际化的成都包括了领事馆、服务于"精英"的时装和珠宝商店、国际连锁酒店、一座为国际会议建设的会议中心（其旁边是购物和娱乐中心）、亚洲餐厅和西餐厅，以及高层写字楼。领事馆和国际性建筑都采用了当下的现代风格，通常是钢与玻璃组成的形体，也间或可以看到其他有趣的建筑材料。此外，还有国际式的"大方盒子"建筑，例如宜家和欧尚商场，代表了经济型和功能型建筑风格。它们都非常有特点，但是并不夸张。

成都的建设在带来现代化的同时，也有一个负面影响——拆除了很多老建筑（有些是没有特点的、不安全的建筑，有些则并非如此），之后留下一片混凝土墙围起来的空地。有时候，人行道被破坏，取而代之的是沥青地面、泥土、砖块和瓦片。这都是进步带来的代价，使这些地方失去了原有的魅力。希望在建设工程完成之后，相关部门会进行一些工作以重塑它们以往的美丽和特色。

如果我3年后再次回到成都，将看到怎样的变化呢？无论如何，我相信不同建筑风格的奇妙融合——极富表现力的现代建筑、舒适的传统建筑、个性化的商店与功能性的"大盒子"——将带给成都新的特色与活力。

成都3000年安逸的前世、今生和未来

The Past, Present and Future of 3000 Years of Leisure of Chengdu

毕凌岚 钟 毅 *Bi Linglan and Zhong Yi*

主题报道 | COMMUNITY DESIGN | 12

[摘要]成都是我国的历史文化名城，其作为蜀地人居中心的地位3000余年从未变过。本文对成都自古至今的规划建设进行了梳理，并对未来的发展进行了展望，从中寄寓了作者对保持成都安逸生活的思考。

[关键词]成都、安逸、规划、城镇

Abstract: *Chengdu is a national historic city. For 3000 years, it has been the center of settlements scattered in Chengdu basin. The article gives detailed account of the historical development of urban planning works in Chengdu, and anticipates its future development in which, as the author contemnlates, the leisure lifestyle of Chengdu shall be continued.*

Keywords: *Chengdu, leisure, planning, cities and towns*

成都是一个很特殊的城市，四季分明、气候温和、土地肥沃、水旱从人，物产丰饶、景观多样。"一年成聚、两年成邑，三年成都"。有人说《太平寰宇纪》中"以周平王从梁止歧，一年成邑，二年成都"是其城名的人文背景；也有人说这是秦定蜀时，蜀守张仪当年建造成都城的历程缩影；更有人说，这是源于沼泽地区古人修筑居所的自然渊源——《无史·地理志》记有沼泽地区古人上屋下仓的巢居形式，专名为"笼"，笼叫做"成"，而"都"为水泽汇聚之地，也就是众水集聚之所，后引申为众人聚会之处。不论是怎样的由来，我们所知的事实是：成都自公元前316年以来，历经2300余年城址不变，城名未改。

如果算上开明治蜀，历12代，自第五代"自广都樊乡徙治成都"以来，成都城应该存在了至少2500余年。而金沙古蜀遗址的发现，更是将成都的历史推至三四千年之前。成都作为蜀地人居中心的地位3000余年以来是从来没有变过的，这在中国历史上绝无仅有。这也是文章开篇3000年"成都安逸生活"的来由。

一、前世

古蜀迷城——"蚕丛及鱼凫，开国何茫然"

中华传统经典历史著作中，蜀地在秦汉之前是蛮荒之地，没有什么文化可言。有关古蜀最早的详细记载大多见于晋代常璩的《华阳国志》。那些蜀地先祖蚕丛、柏灌、鱼凫、杜宇的故事始终停留在传说层面之上。远古的蜀人就如同传说中蜀国仙山上的云雾，缥缈而难以捉摸。

惊现天下的广汉三星堆遗址和成都金沙遗址，用各种实物将传说的只言片语穿缀在一起，让我们了解到那些蜀地先祖并不是远古的噫语，而是曾经真实存在过的活生生的人。我们终于知道很久以前，这里就有辉煌的文明，有富庶的国家。古蜀"成都"城是这个国家的王城，它有四四方方的规制、高高的夯筑城墙。城里筑有高台，台上是接天的高阁。土台周边是雄伟的宫殿群，里面生活着身穿华丽丝绸衣服的蜀王家族。他们与中原黄帝[1]氏族通婚，崇拜太阳、相信万物有灵，鸟和鱼是他们的族徽和图腾。他们用玉器、象牙、鹿骨、猪头祭祀，用黄金象征权力。围绕宫殿是密集的穿斗式建筑群，众星捧月拱卫着神灵在俗世的化身。这里生活的人用自己的辛勤劳作奠定了这个国家存续的基础。成都城中宏伟的建筑，秦岭山中危

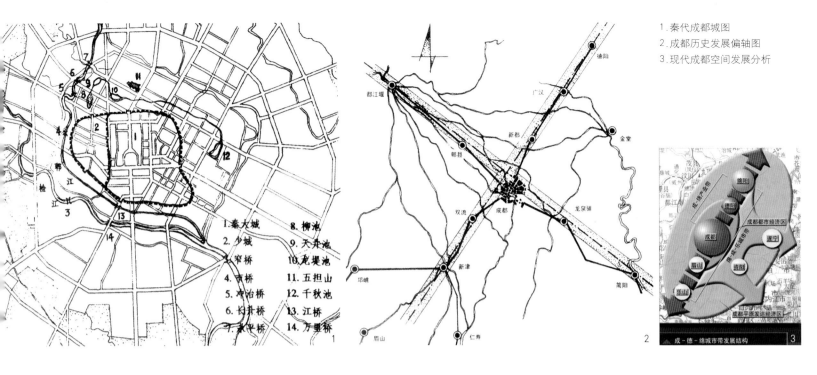

1.秦代成都城图
2.成都历史发展偏轴图
3.现代成都空间发展分析

图1图例：
1.秦大城　　8.柳池
2.少城　　　9.天井池
　窄桥　　　10.龙堤池
3.禹桥　　　11.五担山
4.西桥　　　12.千秋池
5.冲治桥　　13.江桥
6.长升桥　　14.万里桥
7.永平桥

乎高哉难于上青天的蜀道，都是由托名于五丁力士的古蜀先民们完成的。

九天开出一成都，万户千门入画图；草树云山如锦绣，秦川得及此间无。

"成都"城名的由来目前大多采信的是"张仪置县得名说"。秦惠王二十七年，张仪、张若修建成都"周回十二里，高七丈……修整里闬，市张列肆，与咸阳同制……"秦代的成都城应该是天象式布局，城市中的宫殿、房舍与自然环境相生相容。城在景中，景在城中，城景交融。道法天象的筑城理念，充分考虑了城市与所在环境的协调，因地制宜沿用了本地的偏心轴线——与日照、山势、水势、商路的方向相适应。这种适应，使当初秦城格局一直到今天在成都城中依然保有痕迹。因此成都也成就了中国古代城市建设史上的奇迹——建城两千余年以来，城名未改、城址不移(图1～3)。

从秦至清，大多数时代成都城都是多城并举或者数城相包的城制，这与成都发展过程中的人员流动和经济发展密切相关。

根据考古研究，成都秦城由三个相互连接的小城共同构成。北部是"北少城"，以原开明王城为基础，主要居住的是原住民；南部偏西为"南少城"，容纳的主要是自秦灭巴蜀之后，从秦地而来的第一批"移民万家"；偏东处是"秦大城"，秦灭六国后，徙当地豪强入蜀。由此我们可以推定，秦成都的修建是一个渐进过程。

汉代以后因为社会经济发展，在原秦城之南、锦江南岸自东向西分别修建了"学官城"（治学）、"锦官城"（织锦）、"车官城"（军工），以满足市民居住、社会生产

和城市管理的需要。至晋"桓温伐蜀"，因"怒其(少城)太侈，焚之"，少城几乎被夷为平地。成都原来星罗棋布的数城相接或相离的星象式城市格局被破坏。至隋代杨秀整建成都，在原大城基础上将其扩大为一座"方十里"的城市。唐代成都经济繁荣，城市建设逐渐突破了城垣的限制，人们在利于社会生产的两江(锦江、清远江)岸际和重要的水陆交通要冲聚居。然唐末国力衰退，作为国家经济中心的成都受到来自西南的少数民族政权的威胁[2]。四川节度使高骈出于城市防卫需要筑城改河，塞糜枣堰(今九里堤)，改引郫江东流包罗城北墙，再南下包罗城东墙入于锦江，形成府河，使得成都城四面均有了护城河。同时在原大城外赶筑"罗城"，使成都成为重城格局。后五代时，前蜀王建称帝后，改修子城为皇城，修旧节度使署为宫城。后唐时孟知祥又于罗城外增修羊马城作为成都的外廓，使成都具有了罕见的四重城池格局。史载成都城曾经在宋末元初的战争中被彻底破坏，其后的元城城制如何不得而知。

明城乃因袭唐宋格局修建：除了内城蜀王宫因礼治需要，扭转轴线建为正南北向之外，城市总体形状和格局依然沿袭开明以来成都的偏轴。这时的成都是皇城——大城——罗城的三重格局。这种礼治中级别很高的城制形式，说明了成都重要的政治地位。明末清初的惨烈战争再次彻底摧毁了成都，一度使其成为一座废城长达数十年。后来在移民政策的鼓励下，成都才逐渐复苏。清代的成都保留原蜀王宫为贡院，而因为大量满蒙八旗子弟的入驻，在城西南另建满城(又称少城)，从此成都的三城并制格局一直沿承下来，直至近代。

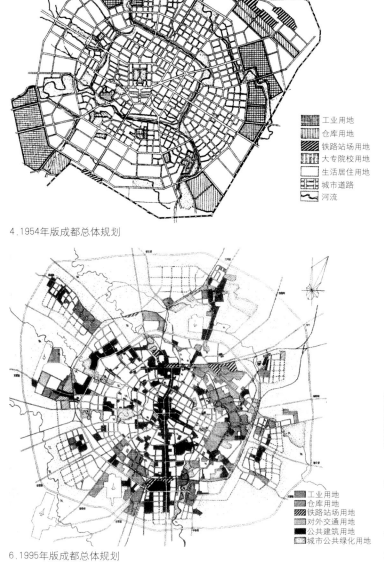

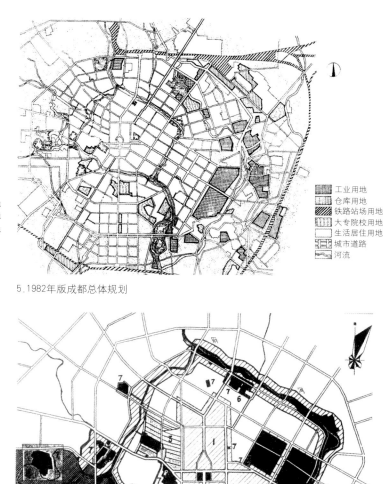

4.1954年版成都总体规划

图例：
工业用地
仓库用地
铁路站场用地
大专院校用地
生活居住用地
城市道路
河流

5.1982年版成都总体规划

图例：
工业用地
仓库用地
铁路站场用地
大专院校用地
生活居住用地
城市道路
河流

6.1995年版成都总体规划

图例：
工业用地
仓库用地
铁路站场用地
对外交通用地
公共建筑用地
城市公共绿化用地

7.1996年版历史文化保护图

1. 明皇城局局保护区
2. 大城格局保护区
3. 少城格局保护区
4. 草堂·浣溪历史文化展香区
5. 环古城历史文化风光带
6. 历史地段保护区
7. 文保单位保护范围

二、今生

自然的优越，并没有给蜀地人们带来永久的安定。天府之国的名号并没能保障普通百姓的康宁幸福。成都从汉唐时期位列二三的重要城市，在经历了多次严酷战乱之后，下跌至全国十数位，成为了地方性城市。清代中后期，历经百年发展才略有复苏，成为"中国最大的城市之一，也是最秀丽雅致的城市之一"[3]。但是好景不长，20世纪30年代的军阀混战使得成都"血流漂杵"；抗战时期的大轰炸，使得城市中心区的盐市口一带"化为断垣残壁，一片焦土"。

曾几何时，蜀地在一次次外来移民的支持下，把外来新血重新灌注在蜀的躯壳中，使蜀文化的精神得以重生，仿佛凤凰涅槃。也正是如此，生活于此的人们更明白切身的幸福对于普通的人而言最为真实。麻辣鲜香的口腹之欢、活色生香的美女之爱是对人生"食色性也"最直白的阐释。也许太多的苦难使人们在期望脱离苦海、求仙求道的同时，也明白了把握现世、及时行乐的重要。蜀山的险恶、蜀道的艰辛磨砺了人性的坚韧，也促使他们思考如何活得酣畅淋漓。

1953年成都编制了第一版总体规划，这个在前苏联专家协助下完成的规划带着明显的苏式计划经济特色：成都被规划为"四川省省会，精密仪器、机械制造及轻工业城市"，城市人口77万，规划区面积近60km²。城市东部、西部规划为不同性质的工业区，城市南部规划为文化区。城市延承了原有的千年偏轴，道路以旧城为中心环状放射。城市周边及城市中间新修的建筑并没有破坏原有的古城格局，新旧相映成趣是那时突出的特点(图4)。

1958年"大跃进"时的第二版总体规划和随后取消城市规划的错误政策，使得成都城市建设彻底失去了应有的控制。1959年巍峨的老城墙被分段包干，消失于一夜之间，1968年拆除皇城修建了"展览馆"。打破了"桎梏"，成都就真正打破了封建意识，走出了盆地意识吗？1970年、1972年传承成都自然脉络的金河、御河没了，上下莲池、方池、摩河龙池填了，水城变成了一座枯城；独特的川西水景和二十四桥只能从街巷名称和残存的些许遗迹中怀古。曾几何时，繁花似锦的城市街边巷角，此时居然难觅一块完整的绿地。因空气污染再也难见"窗含西岭千秋雪"，航路的断绝使东门码头不再"门泊东吴万里船"。这景观殊丽、民俗各异的城市在过去50年间却在一点点被抹去个性。

1982年成都被列为首批国家级历史文化名城，1983年制定了改革

8.白鹿古镇　11.阳光下休闲的成都市民
9.平罗江边休闲的人　12.上里古镇
10.平罗江边的休闲活动　13.成都市井

开放之后的新一版规划。当时成都的城市性质定位为"四川省省会，历史文化名城，重要的科学文化中心"，规划到2000年城市人口发展到145万，城市用地扩大到81km²。该规划明确指出要保留成都"两江抱城的格局"，保持三套路网，保存具有成都特色的民居和古建(图5)。经济复苏的巨大动力使成都不久之后就面临着人口和社会机构激增带来的各种矛盾，于是1987年进行了总规修编，将人口规模调整为1990年151万，2000年187万，用地规模1990年80km²，2000年116km²。城市以旧城为核心，为单中心、集中式发展的平原城市。在这一规划指引下，城市修建了一环路、二环路。虽然该规划同时也制定了城市历史文化名城保护的专项规划，明确了以"系、线、片、点"的思路进行全面保护，但是在经济膨胀的驱动力下，成都市中心城区进行了大规模的旧城改造，成都的古典城市特色开始逐渐消融⋯⋯

1996年成都修订了跨世纪的又一版规划，城市的性质被确定为"四川省省会，全国历史文化名城，我国重要的西部旅游中心城市、西南地区的金融商贸、科技文化、信息中心和交通、通讯枢纽"。城市的近期(2000年)人口220～240万，用地154～168km²；中期(2020年)人口260～280万，用地195～210km²；远期(2050年)人口300～320万，

用地240～256km²。城市形态则是中心城和近郊卫星城市群相结合。规划出于保护川西坝子沃土良田、水资源以及维持中心城良好环境，将城市的发展方向定位为"向东、向南"(图6～7)。

这是一版符合成都特色的规划，向东、向南迄今依然是成都城市发展的重要方向。但是当年国际化大都会的梦想使成都未能慎重对待自己：我们的府南河改造工程虽然荣获了1998年的联合国人居奖，却没能向成都市人真正讲明成都江城的过往——城市中残存的水脉依然在进一步改造中逐渐消失；轰轰烈烈的旧城改造中的商业化操作，使真正的历史街区被新建的仿古建筑群替代——我不知道古蜀的灵魂能不能再次在这样的新躯体中重生。城市扩大了，中心城的湖光山色没有了，我们却能便捷地到市郊的五朵金花[4]赏花和享受田园风光；城市中没有了古风古韵，我们就到城市周边的各个真实的古镇继续怀古。成都与原来的古蜀最贴近的也许就是那历经沧桑依然不变的民风——处变不惊，沿着固有的悠然频率始终不紧不慢，享受生活中的每一缕阳光，留心身边的每一处风景。斯情斯韵也许才是蜀的灵魂，成都的宿命(图8～13)。

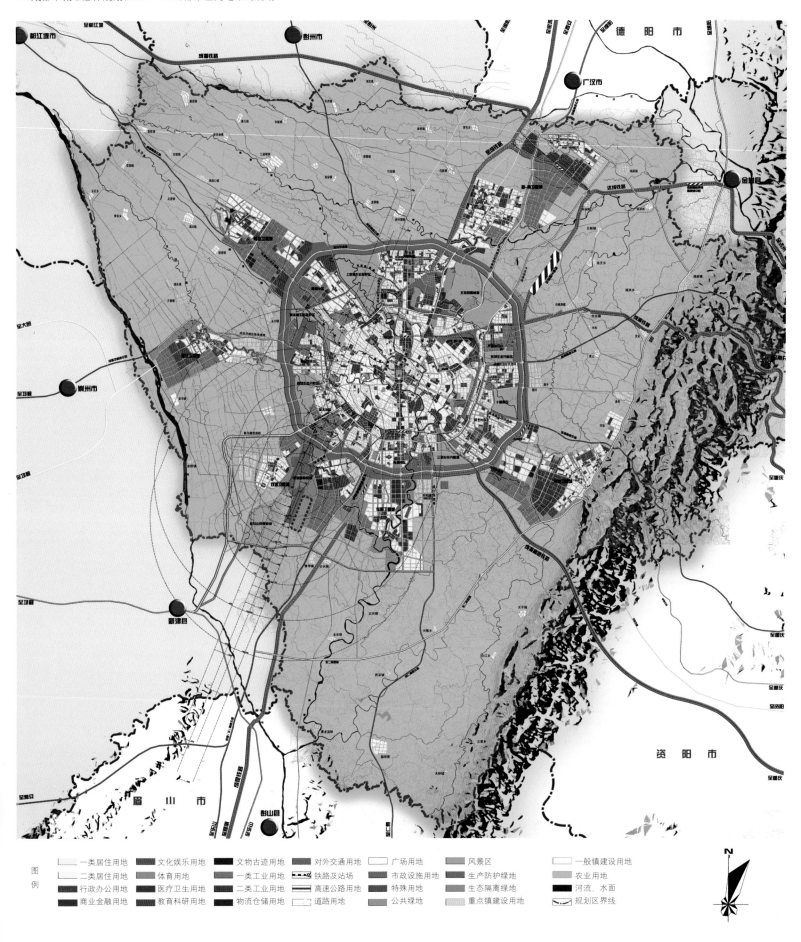

一类居住用地	文化娱乐用地	文物古迹用地	对外交通用地	广场用地	风景区	一般镇建设用地
二类居住用地	体育用地	一类工业用地	铁路及站场	市政设施用地	生产防护绿地	农业用地
行政办公用地	医疗卫生用地	二类工业用地	高速公路用地	特殊用地	生态隔离绿地	河流.水面
商业金融用地	教育科研用地	物流仓储用地	道路用地	公共绿地	重点镇建设用地	规划区界线

三、未来

随着经济发展，我们的城市兼收并蓄：越来越多曾经独立于成都之外的城乡被纳入了大成都的范畴，"成都"在整个四川盆地蔓延——以成都为中心的城市群已经初现端倪。同时，如何在快速发展的状况下让成都能够可持续地安逸下去，估计是所有在成都的人、来成都的人的共同理想。

2005年成都市再次进行总规修编(图14)。城市性质确定为："四川省省会，西南地区科技、金融、商贸中心和交通、通信枢纽，中国西部重要中心城市，新型工业基地，国家级历史文化名城和旅游中心城市"。规划城市规模：近期(2010年)总人口为1110万人，其中城镇人口为702万人；远期(2020年)总人口为1400～1500万人，其中城镇人口为1035万人，城镇建设用地为1026.6km²。

成都的城镇体系依托放射加网状的基础设施体系，形成网络状城市群，造就"一主多极多轴"的城镇空间格局。"一主"指主城区，是市域城镇体系的主体；"多极"指规划区外的4市和4县；"多轴"指由主城区沿各放射道路形成的串珠状发展轴，重点发展南北轴，逐步辐射成都平原经济区，推进成、德、绵、乐区域一体化进程。形成由1个特大城市，4个中等城市包括都江堰、崇州、邛崃和彭州，4个小城市包括新津、大邑、蒲江和金堂，30个重点小城镇，200个一般乡镇所构成的城乡一体、协调发展的城镇体系。城市拓展方向是以中心城为核心，沿放射道路走廊式轴向发展，重点向南、北、东三个方向发展，控制城市向西发展，逐步形成南北展开的城市格局，奠定成都平原城市群发展的基础，形成城市与自然相互交融的扇叶状城市形态。依托放射通道，形成快捷高效的走廊式发展格局。拉开城市架构，重点发展南、东、北三个新城；将城市核心区打造成为辐射西部地区现代化的商务、商业中心；将其行政办公、居住、高等教育等功能向外疏解，逐步增强商业、商务、文化等功能；中心城工业向外迁移，在6个片区形成工业集中发展区，重点强化成都高新区、成都经济技术开发区。

这次规划修编，不仅立足经济修订了城市宏观的空间构架，还特别对城市主要拓展方向的发展细节进行了研究；同时又从生态环境、文化延承、交通、基础设施等多个角度对成都未来的发展进行了畅想。

然而，我们并不知道成都的未来是否就如规划所描绘的蓝图那样。因为在过去飞速发展的20年中，我们已经失去了许多本不应该失去的遗产和特色，甚至有我们的规划要专门保护和留存的区域。成都已经有了太多的改变。悠然的慢节奏正在一点点加快，人们已经需要去刻意地忙里偷闲。因为我们的城市一如既往地包容，有了加拿大风格、德国风格、英伦风格、西班牙风格的居住楼盘，甚至一些说不清道不明所谓美洲风格、欧洲风格、东南亚风格。而住在这些"外国"的人们在节假日却总也忘不了要到青城山脚下的街子、平洛、泰安等等古镇去看看那些穿斗的房子，吃吃籺子饭。我们城市环境的规划设计和建设越来越精美，但是平时在府南河边的坝头打麻将的人，在每年特定的时候也还是要去那些青山绿水的地方撒撒野——在从未雕琢过的自然环境中当驴友，登山、摄影。更有甚者，在近郊租块地自己侍弄个瓜果蔬菜什么的。人口聚集的同时，我们也承受着自古以来蜀人乐于"城中十万户，近郊两三家"的高密发展状况带来的交通堵塞和空气污染。城市依然喧嚣，蜀民依然在茶馆和酒吧中玩味闹市中的心灵净土，琢磨着怎么活得精彩和自在。

如何让成都的未来一如既往地安逸呢？作为普通蜀民的我所想的就是，只要每个人在这片乐土上都生活得快乐、幸福、自在了，300万个小小的安逸加起来就是成都安逸的本源——这在乎天道人心。

注释

1.《史记》和《华阳国志》中均有提及"蜀之为国，肇于人皇，与巴同囿。至黄帝，为其子昌意娶蜀山氏之女，生子高阳，是为帝颛顼；封其支庶于蜀，世为侯伯。历夏、商、周，武王伐纣，蜀与焉。"

2.据文献记载，唐代中期南诏入侵成都，从没有护城河的城东、城北破城。从当时全国丝织中心的成都掳走织工无数，对当时成都织锦业造成了严重打击，甚至影响了整个唐王朝的对外经贸。

3.[德]里希霍芬，1870

4.成都市锦江区近郊，在原农业用地基础上，以村为单位，发展特色种植业。并结合休闲风气，打造了五个具有特别主题的农家乐集中区，分别叫"幸福梅林"、"荷塘月色"、"江家菜地"、"东篱菊园"、"花香农家"，2005年被评为5A级风景区，是成都地区的休闲产业一大特色、拳头产品。

作者单位：西南交通大学建筑学院城市规划与设计研究所

*图片由余坪摄影

休闲 "大成都"

——成都休闲经济浅谈

Leisure Great Chengdu - The Leisure Industry in Chengdu

张志强 *Zhang Zhiqiang*

[摘要]20世纪以来，随着城市经济的发展，闲暇时间的增多，居民生活水平的提高和消费意识的改变，不管是发达国家还是发展中国家，休闲都在以各种形式不断增长，人们为休闲而进行的各类生产和服务活动正在成为城市经济繁荣的重要因素，发展城市休闲经济，成为了城市发展的重要方面，是健康城市的需要。近年来，休闲经济已成为我国新的经济增长点，并给相关产业带来了新的发展活力；以上海、北京、长沙等为代表的城市均发展出各自的休闲经济类型，"新天地"、"南锣鼓巷"、"后海"等诸多休闲区域以及多样的休闲节目与产品已经逐渐作为城市的休闲"名片"与"品牌"为人所熟悉；作为"天府之国"的成都，大力发展休闲经济，打造"休闲之都"，形成了"农家乐"、"锦里"、"宽窄巷子"等诸多具有一定影响力的休闲类型，这对于提升成都的城市形象，促进经济与社会的和谐发展做出了巨大的贡献。

[关键词]"大成都"、休闲、圈层发展、休闲"网络化"、文化包容性

Abstract: *With development of economy, increase of both income and leisure time of people, and change of consumption patterns, leisure industry has seen in continuous growth, no matter in developed or developing countries. The leisure industry, together with its all kinds of products and services, has become one of the major contributing elements to urban economy. Being the new source of energy for urban economy in recent years, leisure economy has stimulated the increase of related industries. Shanghai, Beijing and Changsha have developed their unique forms of leisure economy respectively, which have become the new images of the cities. In Chengdu, various forms of leisure activities and a series of places of interests have emerged, which have remoulded the image of Chengdu as "the city of leisure".*

Keywords: *Great Chengdu, leisure, circular and layered development, leisure network, cultural inclusiveness*

一、"从土里长出来"的休闲之都

成都是中国西部特大型城市，城市及周边区域拥有众多世界级自然与文化遗产，以及一大批国家级自然生态休闲旅游区。与北京、上海乃至深圳、广州相比，成都在城市规模、发展速度，GDP总量乃至竞争力等方面都相对落后，但其在"创造一种生活方式上的贡献"[1]远远大于其GDP的贡献。成都城市的生活性和消费性独具特色，体现了一种特有的城市文化个性和魅力。正因如此，成都被评为"中国最休闲的城市"、"中国幸福指数最高的城市"，"仅次于北京、上海、广州之后的第四城"[2]。

成都在巴蜀文化圈中居于中心地位。"在千年道文化与水文化浸润影响下，成都人集体无意识地形成了对'劳'与'闲'的深刻认识，以及'在休闲中创造，在创造中休闲'的独特的生活理念"[3]，这种"从土里长出来"的休闲态度成为了成都发展休闲经济的精神原动力。现今的成都，在打造"休闲之都"的潮流下，现代的国际文化与传统的市井草根文化共生，两者深深地渗透在成都生活的方方面面，特别是在娱乐休闲方面体现得更加明显。

从经济学上看，"休闲是一种经济行为，休闲创造了休闲经济和休闲产业"，"休闲经济作为经济学的一个重要分支，主要包括旅游业、娱乐业、服务业和文化产业为龙头形成的经济形态和经济形式"[4]。近十年来，随着社

1. 春熙路
2. 锦里
3. 窄巷子
4. 宽巷子
5. 洛带

会经济发展水平的不断提高，人们的休闲和可支配时间不断增多，消费文化不断丰富，文化水平不断提高，中国的休闲经济得到了空前迅速的发展。目前，全世界休闲娱乐产业的年产值约在4000多亿美元，而且每年以20%的速度递增，而中国将成为全球休闲娱乐最主要的消费市场。

休闲经济市场巨大，如何打造符合市场需求的休闲产品呢？梁明珠[5]认为主要考虑下面两个因素："一是有关'消费'：在城市的中心区谈休闲经济的时候，通常可以列到休闲产品的就是餐饮、购物和娱乐场所。二是有关'距离'：离开了城市的中心区，到了近郊范围，因为亲近大自然的郊区是发展休闲产业最佳空间。这涉及观光、郊野体育运动等项目，之后从养生的角度、康体的角度配套经营休闲经济设施；远郊的范围更是需要依托自然的空间，以生态的休闲方式进行"。

二、成都中心城区休闲经济分类调研

在2008年12月的调研中，我们发现，成都当前的娱乐休闲产品构成已经形成了上述论断中所提及"模式"：中心城区已经形成了以宽窄巷子、锦里、九眼桥等以餐饮、购物和娱乐为代表的城市型休闲环境；近郊形成了以"农家乐"为代表的乡村型休闲环境；远郊形成了以"洛带古镇"、青城山、都江堰等为代表的生态游览型休闲环境。在这个以城市发展结构为框架圈层式组织的休闲产品体系中，文化娱乐型休闲、餐饮型休闲、乡村型休闲、体育型休闲、旅游型休闲等均有涉及，类型全面多样，覆盖面广，整体上呈现了"娱乐休闲大成都"态势。其中，成都中心城区的休闲娱乐产业发展更具特点，体现出类型多样化、档次差别化和文化多元化等特点。

在成都中心城区现有的几个较为有名的休闲与旅游区域以及传统的休闲方式进行的走访、参观与体验中，分别从休闲市场、产品以及受欢迎度等方面作为调研的标准和主题内容，我们有意识地选择了成都中心城区内以文殊院、青羊宫等为代表的自然与历史景区（项目卡片1），以浣花溪公园为代表的城市休憩公园（项目卡片2），以春熙路（图1）、总府路为代表的城市商业休闲中心（项目卡片3），以锦里（图2）、宽窄巷子（图3~4）、九眼桥等为代表的文化休闲街区，以及网状分布的具有成都特色的茶楼（项目卡片4），它们代表了不同层面的服务圈层、文化类型，从中对成都的社会休闲需求发展状况可见一斑。

项目卡片1 青羊宫

代表	市场			休闲产品				受欢迎度
	人群类型	年龄段	消费水平	依托资源	开发形式	主要产品构成形式	文化类型	
青羊宫	当地老年人（60%），外来旅游者（30%），具有相关宗教信仰或以参拜为目的的人群（10%）	整体年龄段较高	较低，以门票、香火和旅游景点相应的小型食品出售为主，内部结合了茶楼和餐厅	传统寺庙、道家文化	传统历史文化景点结合部分商业开发	文化：寺庙参观、参拜（70%）；餐饮：内有一处川味餐厅和茶馆（30%）	传统道家文化市井草根文化	中等偏低

项目卡片2 浣花溪公园

代表	市场			休闲产品				受欢迎度
	人群类型	年龄段	消费水平	依托资源	开发形式	主要产品构成形式	文化类型	
浣花溪公园	当地市民(90%)，少量旅游者(10%)	以中老年人为主(70%)	低，公园无门票收费，杜甫草堂有门票收费	城市公园，生态湿地，内部的杜甫草堂	生态型游憩公园	生态景观(80%)，历史旅游景点(15%)，少量以度假酒店为代表的商业地产开发(5%)	现代康体型休闲文化为主，少量传统文化	中等偏低

项目卡片3 春熙路

代表	市场			休闲产品				受欢迎度
	人群类型	年龄段	消费水平	依托资源	开发形式	主要产品构成形式	文化类型	
春熙路	成都各类市民(90%)，外来旅游者(10%)	多样化，以50岁以下的人群为主(80%)	多样化	城市中心区位	传统综合型商业开发	大型SHOPPING MALL，零售商业、餐饮销售等	现代商业休闲文化	高

项目卡片4 锦里、宽窄巷子、九眼桥及各类茶楼

代表	市场			休闲产品				受欢迎度
	人群类型	年龄段	消费水平	依托资源	开发形式	主要产品构成形式	文化类型	
锦里	成都市民(70%)，外来旅游者(30%)	多样化，中青年比例较大(70%)	中等偏低，少量高档消费	武侯祠景点，自身独具特色的城市空间形态	纯仿古型娱乐商业地产	餐饮：茶楼、酒吧、小型餐厅(60%)；购物：成都特色商品为主(40%)；二期计划开发度假酒店	"三国文化"为代表的地方文化为主要类型，结合国际休闲文化	高
宽窄巷子	商务人群(50%)，外来旅游者(10%)，普通成都市民(40%)	多样化，以中高收入的中年人和15~30的年轻人为主(80%)	宽巷子主要面向大众，消费中等；窄巷子消费水平高	传统历史街区宽窄巷子，其中部分经过更新的老房子	城市区域更新与改造型娱乐商业地产	餐饮：高档餐厅、酒吧、街头特色小吃、茶楼等(50%)；购物：艺术品商店、街头手工艺品出售等(20%)；高档居住(20%)；其他：教堂等文化设施(10%)	以窄巷子为代表的国际流行休闲文化和以宽巷子为代表的市井草根文化	高
九眼桥	区域周边具有一定消费能力的学生(50%)和40以下的商务人群(50%)	夜店区以30~40岁的商务人群为主(70%)；滨河酒吧餐饮区以20~30岁的学生为主(70%)	消费水平多样：夜店区消费中等，面向学生的酒吧餐饮区消费中等偏低	锦江滨河景观，周边商务环境	传统娱乐休闲地产	分为两个区域：结合商务楼群夜店为主(70%)；滨河以酒吧餐饮为主，酒吧(70%)小型餐饮(30%)	国际流行休闲文化为主，结合市井草根文化	高
各类茶楼	多样化	多样化	多样化	茶	普通商业开发	品茶、休息、打牌等娱乐形式(比例根据茶楼的品质不同而不同)	成都传统市井草根文化	中等偏高

成都休闲经济一向较为富有创造力，上述休闲产品中，多项已成为全国具有示范性的休闲产品类型。

1.青羊宫与浣花溪公园内部都结合了酒店或餐厅进行了综合开发，这种在现有城市公园、自然与历史文化景区等内部进行适量商业地产开发的形式正在成为休闲经济的一种重要开发方式，北京朝阳公园的"SOLANA蓝色港湾国际商区"、四川九寨沟的"九寨天堂"等都是此种形式的成功案例。

2.宽窄巷子、锦里和九眼桥是当前成都最具活力和人气的三个休闲区，三者均属于当前商业娱乐型休闲开发的主流，具有较高的品质，发展较好；由于在开发形式、休闲产品构成形式和分配比例，以及文化定位等多方面的不同，三者各具特色，分别形成了各个不同的区域气质。宽巷子与锦里较大程度上延续了成都传统草根性的休闲文化，在传统美食、传统生活情境等方面都有所再现。特别是锦里，依托武侯祠，以"秦汉、三国精神为灵魂，明、清风貌作外表，川西民风、民俗作内容"，茶楼、酒楼、客栈、戏台等为形式，充分融合了成都传统文化和民风民俗。虽然为后天仿造的"假古董"，但在整体空间形态、建筑细节乃至生活气氛的营造等方面都具有较高的品质，在商业开发与运作上也不失为一种成功的尝试。

3.窄巷子和九眼桥均以现代夜生活作为主要的休闲类型，其中窄巷子形成了以酒吧为代表，气质偏静的"咖啡"休闲文化，咖啡馆、艺术休闲馆、健康生活馆、特色文化主题店等共同构成了一个精致的生活品味区，形式与上海的"新天地"相似；而九眼桥则形成了以夜店为代表，气质偏动的"啤酒"休闲文化，整体上分为两个区域：结合附近的商务办公环境，以迪厅、夜总会、酒馆等商业元素勾勒出一个具有青春活力、热情四溢的高档"舞台"区，气质更加接近北京的"三里屯"区域；临近锦江滨河区，形成了以小型酒吧、露天餐饮为主，相对平民化的"社区生活型休闲环境"，与"玉林路"、"方林路"周边形成的休闲类型相同，但在气质上接近北京的"后海"。

4.最后，非常重要的是，茶馆在这一休闲体系中，达到了基础服务网络的功能。品茶是成都传统的休闲方式。成都人喜欢喝茶，更善品茶，历史悠久，形成了独特的茶文化；成都的茶楼、茶馆遍及大街小巷，经统计，现有各种档次的茶楼、茶馆约3000多家，这在全国是绝无仅有的，人们在茶楼里品茶、聊天、娱乐、洽谈业务，茶楼使得人们在休闲娱乐中扩大了交际圈，增强了关系，联系了感情。尽管"茶楼"休闲目前在一定程度上受到了现代休闲类型的冲击，但依旧是当前成都休闲的主流。

综上所述，成都中心城区现有的休闲项目类型多样，同样或相近的休闲项目呈现多档次化，整体上覆盖了各个年龄档的人群，既有发展广度，又有发展深度，呈现出"网络化"交织的发展趋势；令人尤其瞩目的是，成都的地方休闲文化、"国粹"化的休闲文化和国际休闲文化"拼贴"发展，左半边衣香鬓影，"啤酒"、"咖啡"，觥筹交错；右半边遗黎故老，"清茶"、"淡酒"，云淡风清，国际休闲文化与草根文化共同构成了当前成都休闲文化的主流，显示出极强的文化包容性。在当今城市发展趋同，娱乐休闲整体向国际同化，现代文化与传统文化相互冲突的过程中，成都依旧自发性地保持了自有的原生性休闲文化的形态与精神，这在中国城市发展中是极为难得的，也为其他城市的发展做出了榜样。

三、成都近郊休闲经济调研

本次调研中我们特别参观了农家乐，这一颇具成都特色，但同时规模化产业化运营的新型民间近郊餐饮休闲产品。成都是中国"农家乐"发源地和乡村休闲业最发达的地区，城市及周边拥有丰富的会议休闲、康疗保健休闲等产品，生态环境和人文环境良好，生活闲适，在发展休闲度假业和休闲地产业方面具有极大的竞争优势。其近郊大力发展的农家乐，实现了以城带乡，开拓了农村市场，促进了农民的增收，拉动了乡村休闲及旅游产业的发展。截至2006年，"成都市郊共有农家乐5596户，直接从业人员5.8万人，带动相关就业人员30万人，实现旅游总收入17亿元，其中，锦江区三圣街道办事处的'五朵金花'、郫县的农科村、龙泉驿区的万亩桃花果园等一批具有代表性的全国农业观光示范点，已经被培育成为高品位、多功能、各具特色的现代化农家乐庄园"[6]，这是一组非常让人惊讶的数字。特别是以三圣乡为代表的大型农家乐，2006年被评为国家4A级景区，对原有区域进行统一的规划改造，将美食环境与园林生态及山水环境、音乐艺术紧密结合，形成一定特色的经营农家乐区域，实现了规模经济，这种新的农家乐形式为其他城市发展乡村旅游特别是农家乐提供了新的思考；从我们的角度看，成都郊区农家乐的成功之处，在于它不是单纯的近郊餐饮休闲活动，这一产品的组织者是政府，具体运营者是城市中具有休闲经济管理经验的个体企业，农民则提供了土地、劳动力，整体形成一个经济分工，资源利益共享的合作格局（项目卡片5）。

四、成都远郊休闲经济调研

第三圈层即成都远郊。这一区域囿于时间篇幅，不再赘述，仅仅列出一个较具有创新性的休闲产品：古镇人文旅游。成都远郊分布有丰富的自然资源和历史文化资源，

项目卡片5 三圣乡

代表	市场			休闲产品				受欢迎度
	人群类型	年龄段	消费水平	依托资源	开发形式	主要产品构成形式	文化类型	
三圣乡	主要为成都市区人群(80%)，外来访问者(20%)	多样化，主要以20～50岁年龄段为主(70%)	中等偏低	农家美食，一定的山水环境，农业及园林生态景观	规模发展的农业休闲"庄园"模式，形式高于普通的农家乐，低于度假村	农家"园林"：花卉、盆景、苗木等观赏、销售(30%)；花园客栈：提供农家饮食、住宿等(60%)；节日等活动庆祝：婚宴等(10%)	传统的农耕文化	中等偏高

项目卡片6 洛带古镇

代表	市场			休闲产品				受欢迎度
	人群类型	年龄段	消费水平	依托资源	开发形式	主要产品构成形式	文化类型	
洛带古镇	洛带周边以成都为代表的旅游者(60%)，当地居民(30%)，外来访问者(10%)	多样化，以10～50岁间为主(80%)。	中等偏低	古镇原生态村落景观	古镇保护型低商业化开发，以当地居民经营为主	古镇历史文化景点(40%)；传统地方餐饮及手工艺品(40%)；小型住宿(15%)；当地文化活动：戏曲等(5%)	传统村落文化；客家文化；传统草根文化	中等

注：以上表格1—6中涉及到的相关比例数据均为根据调研感受进行的初步估计

既有都江堰、青城山等大型风景旅游区，近期又开发了以洛带为代表的人文古镇旅游区(图5)，特别是后者，结合了地方化产品的商业开发，同时较大程度上保持了古镇的原真性，再现了类似"赶集"的村落特有的生活氛围。与宽窄巷子相比，尽管在市场开发与经济效益等方面都有所差距，但单从保护了当地建筑风貌和部分社会生活风貌这点看，还是有一定借鉴意义的(项目卡片6)。

五、结论

时至今日，成都已经发展出一套属于自己的休闲经济模式，大到以"圈层式"发展休闲"大成都"的整体结构，小到以点带面多样化的休闲产品，都独具特色，其中以城市圈层结构为基础发展休闲经济的思路和方法与传统文化在休闲经济中的保护与再现都值得其他城市借鉴。当然，笔者在对成都现有休闲经济的研究中，也发现了一些问题，值得城市的决策者与城市规划师去思考。概括如下：

1.成都中心城区中，以宽窄巷子、锦里以及九眼桥为代表的具有较大影响力和吸引力的休闲产品，以及浣花溪公园、青羊宫等，均集中分布在市区西侧，规划在金牛区发展的CHD"中央欢乐区"也位于市区西北侧，休闲经济发展呈现西重东轻之势，东部地区缺乏类似"宽窄巷子"等亮点项目的带动。除茶楼外，其他各个档次的休闲产品分布不尽合理，服务性不好，缺乏在城市空间和管理上对于娱乐休闲经济与产品的进一步规划引导与控制。

2.目前成都主要的休闲经济以"拉动内需"为主，除了其远郊的大量自然型风景旅游开发，中心城区及近郊主要吸引的还是成都本地的消费者，这种"自产自销"的消费模式与产品形态并不足以将成都打造成其目标定位："具有国际知名度的休闲城市"，引进更多具有区域吸引力的休闲产品势在必行。目前现有的诸如"宽窄巷子"、"锦里"等具有一定区域影响力的休闲区域，作为成都的"休闲品牌"，发展规模有限，数量也较少。

注释

1.第四城．新周刊，2000.9

2.第四城．新周刊，2000.9

3.休闲经济的产品形态及成都休闲经济发展调研报告．四川省休闲文化研究会

4.钟兆勇．休闲经济探析

5.梁明珠，暨南大学管理学院旅游系副主任

6.成都市旅游局．成都农家乐乡村旅游发展考察报告

作者单位：德国ISA意厦国际设计集团

"时过境未迁"

——论成都城市居住文化的传承路径

Time Passed But Place Not Changed
The Continuity of Chengdu's Residential Culture

田 凯 *Tian Kai*

[摘要]成都城市居住文化变迁中的连续性寄托于浓郁的地域性,其特点通过地方认同的再造、开放性发展、对传统的选择与诠释得以形成与延续,这一过程将决定今天其居住文化传承的方式与角度。

[关键词]地域性、地方认同、开放、选择

Abstract: *The intrinsic continuity of Chengdu's residential culture comes from its rich genius loci. Its characteristics are formed and carried on through the regeneration of local identity, the openness towards development, and the choice and interpretation of tradition. This process will determine how the traditional residential culture is continued.*

Keywords: *regionality, local identity, openness, choice*

这是座繁华的市井城市,一座终年盛宴不断的城市,一座悠闲的城市,一座在一次次战乱中保持着自己"承平之风"的城市。过去是,现在是,一直都是。

元代费著在《岁华纪丽谱》中记录了成都的这份繁华与悠闲,"成都游赏之盛,甲于西蜀。盖地大物繁,而俗好娱乐"。宋代的田况详细描绘了当时的盛况:汉唐代以来每年春天的浣花溪游宴中,太守设宴于梵安寺中,骑队、乐师、杂耍队伍聚集一堂,士民们"扶老携幼,阗道嬉游。或以坐具列于广庭,以待观者",太守则"分遣使臣以酒均给游人",宴罢登舟百花潭,官舫民船一起嬉水竞渡。[1]

这座城市也有战乱,乃至荒凉之时。康熙二十二年(1683年)时成都正当吴三桂叛乱后不久,百废待兴,浙江遂安方象瑛典试于此,见其"今通衢瓦房百十余所,皆诛茅编竹为之。西北隅则颓墉败砾,萧然惨人,其民多江楚陕西流寓,土著仅十之一二耳"。即城市民居大多由茅屋组成,整个城市瓦房也才百十余所。[2]

但仅仅十余年之后,康熙三十四年(1695年)的成都已重焕生机,有诗为证:

邻姑昨夜嫁儿家,会宴今朝斗丽华。
咂酒醉归忘路远,布裙牛背夕阳斜。
川主祠前卖戏声,乱敲画鼓动荒城。
村姬不惜蛮鞋远,凉伞庶人爽道行。

陈祥裔《蜀都碎事.卷三》

诗描述了从战乱后刚刚恢复的成都,邻里之间宴会往来,庙会里戏班喧闹。那些赴宴的乡妇村姑,吃得酒醉微醺,于傍晚时节,骑上牛背在夕阳残照的余晕下逶迤而行。而城郊的农村妇女不惜踏破蛮鞋,张一柄凉伞赶进城中看戏。这两个富有情趣的生活片断生动地再现了城市安居乐业喜气洋洋的气氛,家园和欢乐的概念如同顽强的野草,在大灾难后仍然荒芜的城市中再次生长出来。

清末民初的成都,"有西部北京之称,以秀丽雅致闻名"。同治九年(1870年),德国地理学家李希霍芬来此参观后,记录下一个优雅的成都,称其"是中国最大的城市之一,也是最秀丽雅致的城市之一……街道宽阔,大多笔直,相互交叉成直角","所有茶铺、旅店、私人住宅的墙上都画有图画,其中许多幅的艺术笔触令人联想起日本的水墨画和水彩画……这种艺术情趣在周围郊区随处可

1.成都三圣乡：赏菊
2.龙泉桃花沟：桃花下的人群
3.宽窄巷子：成都老街

见″。³

20世纪40年代朱自清来到了成都，其″闲味″让他印象深刻。在雨中的成都街道″缓缓地走着，呼吸着新鲜而润泽的空气，叫人闲到心里，骨头里，若是在庭园中踱着，时而看见一些落花，静静地飘在微尘里，贴在软地上，那更是闲得没有影儿″。这种在战争中依然如故的″承平风味″让他担心工业化新中国中成都的闲情能不能延续下去。⁴

他的担心是多余的，今天在充满匿名性和速度感的喧嚣中生活着的这座城市，依然拥有静谧的河畔、温情缭绕的茶馆、桃花树下的闲逸，依然是人们心目中″诗社最多、读书会最多、桃花最多、桃花树下的麻将最多的城市″。⁵

一、″万变不离其中″：居住文化的断裂性与连续性

商代十二桥杆栏式民居、秦代的栅居、清代城市中遍布的茅屋竹篱⁶、民国时的里街小巷，今天的多层、高层住宅……城市居住空间千年来变幻不断，仅数十年来发生在身边的变迁就令人目不暇接，这不仅是时代的特点，也是中国城市的特点。由于建造材料的历久性问题，以及中国传统文化中长期以来对城市与建筑物质性外表保存的忽视态度，″自古以来，中国人一直都没把建筑物看成是一件永久性的纪念物，没有号召过人民为一个永恒的世界工作。无论房屋或者整个城市，古旧了，破坏了，或者已经不再适合当时要求的时候，便索性全部抛弃了来重新地建造″。⁷中国城市面临一次次在原址重新建设的命运，城市建设永远不会停步。在战火与时光中，旧的城市塌陷消失，新的城市开始建设，人一代一代地过去，房屋建筑也是一代一代地交替。

城市容器一次次在战争和时代变更中被打破，其盛装的城市生活也在发生着变化，但其文化的连续性在建设中是一个主旋律从未改变的连奏。在一次次新陈代谢的过程中，是什么使成都始终″很成都″？

物质的断裂与文化的连续作为城市的表里，使其在一次次重建中保持着居住文化的连续性。这种连续性建立在一些不变的因素上，如土地，气候。成都这片肥沃的冲积平原上温润如江南的气候始终如故，″盖亦地沃土丰，奢侈不期而至也″；它们所养育的城市风俗亦始终如故⁸；还有这片土地浸润的人，″工巧文慧，少愁苦，多逸乐，好聚会″。这些构成了城市居住文化传承的传统氛围，而这浓郁的氛围都是拜居住文化的地域环境所赐。

二、居住文化的地域性

居住文化的核心是地域性，地域不同造成了文化差异。对于″居住文化″的传承，只有落实在其″地域文化″上才有植根之处。居住文化是城市人群的生活方式、生活节奏、生活环境的体现，对居住文化的理解凝聚着对城市生活的理解。成都居住文化之所以鲜明，令人印象深刻，正因为所传承的核心是其鲜明的地域性，没有地域性，城市居住文化是没有标识、没有特点的一盘散沙。而成都因为身处内陆盆地，地域特点鲜明，才使城市在不断地变迁中，居住文化的连续性得以传承千年。

探讨成都居住文化中浓郁的地域性是如何形成与延续的，将决定今天居住文化传承的方式与角度。居住文化地域性的形成与延续是通过地方认同的再造、地域文化的开放性诠释，及对传统的选择与诠释得以进行的。

1. 地方认同

地域性是地方认同的体现，地方认同在中国有悠久的传统。某一地域的人在当地自然条件的影响下具有某些特性的概念在中国已有长远的历史。从12世纪起，界定地方认同的努力经由地方志的编纂而进行，强调地方文化遗产、文化人物及官员，逐县叙述其居民的优缺点。对于共同拥有的人、事、物，每个地区都试图体现自己的独特性。

但实际上，地域认同的概念本身是一个变量，其方向与强度均会随着具体的人、事而变异[9]。如清初，入川移民便经过了一个由分到合，由保持强烈的原乡认同到转向新家乡的过程。但是这绝非移民融入土著社会的单向流动，而是移民与土著及不同的移民群体之间互动的结果。对于成都的移民来说，他们的许多后代至今依然以籍贯或家族传统等方式保留着其原乡印记，但这并不妨碍他们成为彻底的成都人。成都城市居住生活的地域认同在历代移民与变迁中早已被大大丰富化了。

地域传统资源是可再造和更改的。18世纪末，成都的移民已远离故土百余年了，此时他们迫切需要那些反映自身地域人文历史的景观来实现新的地域认同。本土诗人薛涛的故事和资源构成了地方传统再造的最好题材。虽然为望江楼景观制造薛涛题材的缔造者与歌颂者们十分清楚，薛涛井、薛涛墓、薛涛故居、薛涛吟诗处都不在此[10]，然而，当被臆造的城市遗产成为合法的交互资源而被寻找并用来支撑望江楼的景观建构时，一种新的地域认同资源正在被改造形成。

地域性是顽固的、隐形的，其建设与彰显往往有两个前提：一是当遇到外来威胁，感到自身安危时；二是地方社会繁荣稳定之时。如清代的成都移民们到了第三代快要忘记故乡时，才开始大规模地修建同乡会馆[11]，地方社会的稳定与被其他文化同一化的威胁是重要原因。今天的城市面临着更大的飞跃与扩张，在"全球化"语境中，自我认同、自我整合的要求更为迫切，地域认同的彰显也更为重要。

2. 开放性

居住文化的地域性作为一种身份认同，表面上似乎具有绝对的排他性，但从另一个角度看，却具有开放性。其作为一个向不同诠释开放的符号体系，一方面被视作本地民众地域认同的象征，另一方面又常常被赋予一些超地域性的内涵，从而使其城市本土形象日益丰富化，并因此突破狭隘的地域族群界限，以容纳更多新的认同可能。

作为符号系统的地方性居住文化的开放性，随着时代、认知对象与认知系统的扩缩而变迁。锦城的记忆，支机石的传说，摩诃池的浪漫、明蕃王府的残迹、杜宇的故事、薛涛的传说都是成都的城市叙事中，最常见的文化符码。凭借这些众所周知的象征符号，人们建构了一个对城市的共同记忆，并使其得以超越时空的障碍，在千年的历史流转中，铸成不变的连接。

在这些共享的历史记忆和文化符号中，文人士大夫、移民、过客、打工者等这座城市的不同居住者，因为个人的特殊际遇和性情，常常会选择某一组符号或人物来投射自己的情感。如清代怅怀过去的文人官员特别偏好蜀王府遗迹所蕴含的荒凉、沧桑之感，使这座明蕃王宫作为故国家园之类的意象成为地域性表达的出口。而建国后蜀王宫所在的天府广场则成为"意气风发"的新时代的象征。

成都这块秦汉以来就以繁华著称，易代之际又历屠城之难的土地，在一次次经历了繁荣与荒芜的交替后，容易令人产生一种沧海桑田、往来古今、盛宴难继的沉重叹息。其丰厚的人文积淀、清新明丽的南方景致与隽秀的地理环境常令游居于此的人们产生一种心理上的共鸣——一个承载着家园兴衰、人生哀乐的城市与优裕闲逸、乐在其中的市民生活之间发生的共振。北京人老舍、张恨水与久居北京的朱自清都把成都看成"小北平"，而清代来自江南、游宦四川的王士祯、方象瑛则在成都看到了家乡的风光与温润，"颇起故园之思"[12]。他们从暂借一枝的过客心态，变为可以彼此无别地融入欣赏，正是源于成都居住文化中的开放性。

3. 选择性

城市社会中，居住文化的延续是时代与社会、个人对先人传统的持续与重新选择，社会的发展、历史的演进，乃至阶级的利益，将会在很大程度上对其产生决定作用。一个社会所延续的地域传统文化总是倾向于与它所在时代的利益和价值系统保持一致，它绝对不可能是传统的总和，而只能是一种持续的选择和阐释。

这种选择形成了我们当下的城市生活，它拥有若干层面。其中弃绝曾经活生生的地域文化是我们最难以接受和评价的，但也是最难以避免的。

保持居住文化地域性之传统生命力更多地维持在建设领域之外的教育和学术制度与传媒机制上。一个明智的社会，将鼓励学术机构及民间团体等为尽可能地保留充分的"地方性知识"所做的努力，并且抵制那种浅薄的"意义论智者"随时提出的批评，即认为这种努力的大部分内容是没有意义的、无用的。如果我们正确理解了选择性传统的过程，便会真正意识到在历史的变化和动荡中，这种永恒性所具有的价值是弥足珍贵的。我们永远无法知道自己今天所弃绝的是否会是明天所要选择的。

这些"地方性知识"至今仍是各地域用以对抗"全球化逻辑"的一种工具和武器。它们强调"文化持有者的内部视界"，代表着文化承担者本身的认知，是内部的描写，亦是内部知识体系的传承者。

而今天的城市建设者们的认知均来自外来、客观的"科学"观察，其中的隔阂与生疏显而易见。如何对研究对象本身的"文化"有所悟，又能跳出"超然性"的解释，打破精英知识框架，把注意力重新集中到"内在"层面上来，想方设法发掘深藏在城市基层中的文化资源，不是一个简单的课题。

三、结语：居住文化的延续方式

居住文化中所传承的地域历史，早已非物质化。因为历史遗存下来的传统街区纵然珍贵，但从比例上来看是很少的，而遗迹文物更是渺渺。因此居住文化中的地域精神的延续决不能仅寄托于历史街区与历史遗产的保护与改造。在不可遏制的城市高速建设中，要把14km²的老城区的传统气质氛围扩散到目前280km²的成都市新城区，尽可能延续居住文化中的连续性，必须依托对居住文化连续性的理解、诠释与再造。

这种连续性包括小街里亲密的人际关系；包括印象中的青瓦绿树、小街小巷的氛围；包括在街道上优雅生长、凋零的银杏和法国梧桐；包括酒吧、茶馆里生活的闲逸；包括周末市民们开着以廉价车型为主的交通工具疯狂地挤着出城去看桃花、梅花与荷花，以各种方式在城郊小镇中持续着汉唐以来成都的游宴生活。这是道路格局、建筑形式与城市大小的改变都不会消磨的成都特质。

成都居住文化中的这份喜乐、闲逸在丰富且热闹的民俗节日中，在平静祥和的茶馆里与"才饮小市酒，又看街中花"的市民生活中延续。居住文化的延续不仅仅是城市规划与建筑设计的工作，也是一个庞大的工程，在每个人的生活中被选择、延续与再造。城市的信心在于相信自己足够特别，并在今天的生活中笃定地去保存、选择、再创造与丰富我们丰厚的家箧。

注释

1. *[明]*杨慎. 全蜀艺文志. 线装书局，2003.429~430

2. *[清]*方象瑛. 使蜀日记. 昭代丛书丁集新编补

3. 何一民. 变革与发展：中国内陆城市成都现代化研究. 四川大学出版社，203~304

4. 朱自清. 成都诗. 老成都：文化人视野中的老成都. 四川文艺出版社，1999.229。

5. 龙应台. 成都还像成都吗？. 南方周末，2004.4.15

6. 高宗纯皇帝实录. 卷二十三. 393

7. 李允鉌. 华夏意匠. 广角镜出版社. 中国建筑工业出版社，1985.24~25

8. *[晋]*常璩. 华阳国志. 蜀志

9. Richard von Glahn, Paul Smith. Culture , Society, and Neo-Confucianism, 1100-1500. Song-Yuan-Ming Transition in Chinese History, eds. Cambridge: Harvard Uinversity Asia Center , forthcoming

10. 彭芸荪. 望江楼志. 四川人民出版社，1980.20~39

11. 王东杰. 乡神的建构与重构：方志所见清代四川地区移民会馆崇祀中的地域认同. 历史研究. 2008(2). 98~102

12. *[清]* 王士祯. 秦蜀驿程记. 小方壶舆地丛钞. 第七帙. 上海著易堂

作者单位：西南交通人学建筑学院

成都——不依托城市公共空间的逸乐生活

Chengdu - Where Leisure Does Not Rely On Urban Public Space

张亚津 Zhang Yajin

[摘要]在成都的城市文化中，逸乐衍生为一个独立的人生观和价值体系，成为主流的文化品牌。

同时笔者在对成都逸乐文化的调研中得出结论：今天的成都，地方化的公共生活(Public life)大幅度退出了公共空间(Public place)，而保留在某些特定的公共领域(Public Sphere)之中。物质空间与精神空间的错位是地域城市迈向国际化城市的矛盾外在表现。

[关键词]成都、公共空间、价值体系、城市生活

Abstract: *In the urban culture of Chengdu, leisure has evloved into an independent system of life attitude and values. Though a study on the leisure culture of Chengdu, the author comes to the conclusion that, today in Chengdu, localized public life has retreated from public space, but remains in certain public spheres. The disparity between physical space and mental space is a demonstration of the innner conflict induced when a lcoal city is transforming into an international metropolis.*

Keywords: *Chengdu, public space, value system, urban life*

1.中国的城市生活

1990年台湾的文化史研究初始之际，即从研究通俗/大众文化出发，形成了专门团队以"物质文化"为题进行研究。在2000年前后，策划主题考察"明清的社会与生活"，组织了一批海内外历史学者、艺术史家和文学史研究者，对中国近世城市与城市生活进行了团队研究，并将积累的成果汇集为《中国的城市生活》(图1)。其中提出了多个重要命题，首要的即为：逸乐作为一种价值。

该命题的解读为：在官方的政治社会秩序或儒家的价值规范之外，中国社会存在着大量的异质要素，其中的重要一项，即为不仅仅是对民间，而且在士大夫阶层也起着重要作用的非主流人生哲学与生活实践——"任侠、不事生产、不理家、轻财好客、纵情与游乐、诗酒活动成为这些人日常生活的主要内容，而城市则提供了实践这种游侠生活最好的舞台。"[1]

李孝悌据此进一步提出，在对中国社会历史的解读中，传统上倾向于伟大的空间与崇高的思想性格气质，而逸乐传统上即作为软性、轻浮且具有负面道德意涵的观念，由此造成了对这一非主流文化类型的忽视。而事实上，这一因素在我个人的观察中，不仅仅分布于本书所讨论的江南区域，它深深浸润于一批市民文化在城市中或城市局部有较大影响的区域。从传统到现代，自北京的天桥到泉州文庙前的南音，自西安的古城墙到海南文昌的新城市公园广场。在中国的城市文化基础中，逸乐已经衍生为

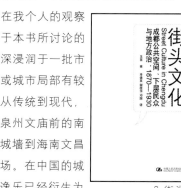

2.街头文化

3.一本万利

一个独立的人生观和价值体系，甚至对于部分城市，例如成都，已经晋升为主流的文化品牌。

在《成都公共空间、下层民众与地方政治1870—1930》一书中（图2），王笛栩栩如生地描绘了清帝国晚期至民国中期，成都的繁华活跃，图卷化地展示了其城市空间、城市公共领域（公共性建筑）中饱满的城市生活。以端午节为例，"人们在门上挂中草药以赋予其驱邪的愿望，社区组织龙舟竞渡，年轻人参加江中捕鸭比赛，市民们还在东校场举行'打李子'（即互相投掷李子）的狂欢……估计有六万人参加东校场的打李子活动，那里犹如一个战场……妇女小孩儿都穿着鲜艳，站在城墙上观看……由此又吸引了许多小贩、算命先生、卖打药者在城墙上摆摊"。寥寥数语中，为我们展现了一个以城市内外至郊野的公共空间为载体，覆盖商业、休闲、文化、运动各种活动类型，由整体公众参与的城市狂欢活动。[2]

除了城市狂欢之外，城市休闲逸乐的价值还深入在普通市民的理想生活目标之中。尽管跨越了100年，但书中描述的著名的茶馆生活和今天相比却改变寥寥，让人熟悉而亲切。1926年Graham在四川作田野调查时拍摄的一对方形门联，更清晰地表达了市民生活的理想："从右向左写着'一本万利'四个大字，每字的上方用小楷写诗一句，联在一起即：春游芳草地，夏赏采荷池，秋饮黄花酒，冬吟白雪诗"——一种依托于成熟市民阶级，以逸乐作为生活重要价值的人生观跃然纸上（图3）[3]。

1995年我第一次拜访成都的时候，非常惊讶于成都浓郁的城市生活——现代化的城市街道两侧，麻将噼里啪啦响得很清脆，小公园街头广场上一律是人头攒动在喝茶；办公的摩天大楼下面就是若无其事黑瓦木柱的穿斗老屋子；卖菜卖花与旁观的人坐着、站着、簇拥着挤挤挨挨；夜晚穿梭在二环上，看见高架桥柱子之间，两个老头扯一根电灯线，照得一桌子菜明晃晃的，穿着汗衫，心满意足地喝着啤酒，任凭旁边车流水一样过去。中国的休闲之都——这是成都为自己选择的城市名片。

王笛选择研究的这一时间历史进程中，有一个重要的拐点，即20世纪初随着清帝国的覆灭，西方文化对中国的巨大冲击。"社会改良者不满意城市公共空间的利用方式和市民在公共场所的表现，试图重新构建公共空间，并对市民进行他们感到迫切的'启蒙'"。[4]改良者以日本和西方城市为模式对中国城市进行改造，公共空间的管理者——警察于1902年在成都出现。城市街道被改善的同时，其交通职能被逐渐放在首位，而原有的街道城市生活，则连同城市垃圾、乞丐、妓女、僧侣、"街娃儿"一起被严格控制。

新型的公共商品陈列场——"成都商业场"、大型商业博览性庙会——"劝业会"、公园、动物园、戏园、舞厅被建立，而旧城墙、城门、寺庙则不断被拆除。改造公共空间是一个边建边拆的过程，既为这座城市带来了新气象，又持续地摧毁代表其传统的古老格局。城市生活秩序日益提高的同时，公共生活被逐渐收容进入公共场所之中。此外与敬拜鬼神相关的城市大型庆典活动也被遏制，而"保路运动"等以民族主义为背景的政治活动则在城市中被展开。地方宗教民俗文化与城市生活、城市文化之间的间离，民族主义与国际性文化的引入自这一全国性的文化革命而肇始。

这一公共空间的新政策背景，来自于寻求西方启蒙的有识之士对公共休闲文化拒绝认同的态度。休闲生活"浪费时间"，是中国人"惰性"的反映。茶馆是"散布谣言"、"制造事端"的地方，各色人等聚集于此，经常有人"行为不轨"，还致使学生浪费时日，荒废学业。革命不仅是革清政府的命，也同时要革大众文化的命。[5]

在这场街头文化的革命中，地方民众、精英与精英团体、政府组织之间的权利斗争以各种形式在公共空间这一舞台上上演。最初由于清政府的漠视，民众对公共空间具有相当大的自主权，而后精英介入公共文化的意图在公共空间中集中体现，最终执行力更强、综合意图更加明确的政府主导性控制公共空间的发展。主题性的公共文化由典型的地方文化，向商业文化，以国家为背景的民族文化，与更大视野的全球性文化发展。这样一个脉络，不仅代表了成都的民国30年，也代表了中国城市的一个典型的文化演变历史。

2008年冬季我看到的成都整洁美观，清静的林荫大道后面掩映着茶馆、餐厅、酒吧、商场。改造后的春熙路广厦鳞次栉比，人潮如涌。惟一的遗憾是，它们看来与其他中国省会城市无异，缺少了一点点"成都"。为了进行休闲产业经济的调研，深夜我们坐车在成都的大街小巷逛巡，九眼桥的繁荣，宽窄巷子的华丽，锦里的精巧带给我们深刻的印象。但值得注意的是，在成都街头喧嚣的夜店中穿梭时，我们几乎找不到茶馆的霓虹灯，只有出租司机不忿地争辩每个小区里都确实是有茶馆的，看来大街小巷

与居住区中不起眼的各类茶馆——几乎类似于成都居住区的特别公共配套设施，仍然奠定了成都人公共生活的基础。问题仅仅是：茶馆还会是这个以时尚消费著名的城市的未来选择吗？未来的成都人是喜欢喝酒，还是喝茶？

无论如何，最令人瞩目的是，今天的成都，地方化的公共生活(Public Life)大幅度退出了公共空间(Public Space)，而保留在某些特定的公共领域(Public Sphere)之中。成都的城市空间让位于更加国际化，相对较为单一化的城市生活"愿景"模式。

与之所形成的一个奇妙对比，是"成都人"对城市"成都"的整体认知。从马克思·韦伯[6]到施坚雅[7]，近代中国没有能形成一个具有凝聚力的社会共同体是一个相对较为受学术界认同的理论。这一论断虽然在国际社会学者对汉口等城市的分析中找到了部分反证，但仍然是一个相对化的共识。但是事实上，无论是成都的拜访者，还是居住者本身，常常惊讶地看到"成都人"这一群体对"成都"的认同。这一情况在中国各个城市中并不普遍。成都的这一方面很可能在未来会成为一个中国现代社会学研究的重要典例。

在窄巷子的"白夜"酒吧里，成都与其他城市的专业研究者济济一堂，他们针对单体性的城市改造或有不同意见，对成都与其休闲城市文化的认知却是极有共识的。由中国改革发展研究院主办的《新世纪》周刊于2008年1月9日发布了一组2007年"国人幸福指数"调查活动的特别报道，成都以70.121的分数，位居全国第一。这一调查以客观描述城市居民对生活满意程度的主观感受为目的，从身心健康、职业状况、家庭氛围、社会稳定、人际关系等五

4a~4c.100年间变化的传统茶馆
图片来源：《建筑与文化》杂志2007年第4期
5a.春熙路历史景象与2001改造前街景
图片来源：http://www.chunxilu.cn
5b.变化巨大的春熙路

5c.5d.春熙路历史景象与2001年改造前街景

方面构建了一个多维评价体系。由此看出的是——成都的精英阶层与市民阶层，共同为他们的物质与精神环境的舒适而自豪，极其明确地由此拥有了对城市的认同。就城市的生活而言，他们持着与百年前相同的休闲哲学，甚至坐在几乎一样的茶馆里，过着一样的城市生活(图4)。

这一心理认同与物质生活脱离了城市公共空间——最直接、最清晰的共同城市物质层面。事实上，如果我作为陌生的拜访者，没有机缘和成都的友人相聚，今日成都物质化的城市形象与100年前并没有任何相似，与今天中国其他的新兴中国大中城市也不具有本质性的相异。不单单是天府广场或春熙街形象含混(图5)，成都的同行们也在为一个以酒吧夜店为主的宽窄巷子能否代表成都文化而争论不休——尽管它代表了城市对于地方文化重建的一次最大努力。

由此产生了一个奇怪的状况，当我询问我同行的成都朋友们，如果我希望认识成都，应当从哪里开始拜访并解读其时，他们竟一时无语。而与此同时，成都人的城市生活与城市认知仍然会依托茶馆、酒吧、农家乐、汽车之友协会等庞杂多样、类型模糊的公共与半公共性机构、场所与活动继续存在。脱离成都人今天与未来到底喜欢喝茶还是喝酒这一文化背景的讨论之后，"逸乐休闲"作为这个城市的文化底蕴被各个阶层一致认同，一个明确的"市民"阶层，可以从此得到清晰的认读。

只要你认识一个成都人，你就认识了成都。

"God made the country，and man made the town."
— William Cowper[8]

注释

1.李孝悌. 中国的城市生活. 新星出版社. 2006 7

2.王笛. 街头文化：成都公共空间、下层民众与地方政治，1870~1930. 中国人民大学出版社. 2006.75

3.GRAHAM. David Crockett. Religion in Szechuan Provinece. Chicago，1927.154

4.王笛. 街头文化：成都公共空间、下层民众与地方政治，1870~1930. 中国人民大学出版社. 2006.157

5.同4.223

6.Max Weber. 韦伯作品集V——中国的宗教；宗教与世界. 广西师范大学出版社，2004

7.施坚雅. 中华帝国晚期的城市. 中华书局，2000

8.William Cowper. The Task，1785. 749

作者单位：德国ISA意厦国际设计集团

建筑学视野下侃说"变脸"成都

"Face Changing" of Chengdu in the Perspective of Architecture

沈中伟 *Shen Zhongwei*

[摘要]笔者以自由的形式及直观的语言,散论了成都的城市、建筑特征,重在介绍成都的历史建筑、个性建筑以及近年的设计创作成就,同时表达了对成都城市、建筑以及城市精神的建筑学看法,既肯定了成都建设发展的成就,也提出了让城市更美好的建议。

[关键词]成都、变脸、城市、建筑

Abstract: *With free style and direct language, the author analyzes the characteristics of the urban forms and architectural characteristics of Chengdu city, focusing on its historical architectures, special architectures and achievements in design in recent years. In the meantime, the author expresses his opinions on the city, its architecture and genius loci from the perspective of architecture, giving positive critics on the achievements while proposing suggestions for future improvement.*

Keywords: *Chengdu, face changing, city, architecture*

《住区》让我轻松侃一下成都,对于一个我喜欢的城市,相对于"豆芽菜"的上海建筑以及"一屁股坐在地上"的大体量北京建筑,还找不到有趣的词形容成都的建筑,只能说"百花齐放",非常包容。既有非常高品位的,也有花哨到家的;既有追新潮流的,又有历史传承的。用"变脸"形容成都的建筑与街区,不褒不贬,或许能侃得比较客观。

一、自在的素脸成都

在外人的眼里,成都很闲散;对于体验中的来者,成都很亲切。成都街道尺度适宜,楼房不高不低(图1),从成都市中心甚至天府广场看也较平淡(图2~3),城市似乎没重点,但多数街道都差不多"均好"(图4)。大大小小的街道都种植着近年在成都平原获得新生的茂盛的小叶榕

主题报道 | COMMUNITY DESIGN | 32

1. 成都市中心
2. 成都副中心骡马市街景
3. 成都主轴线人民南路街景
4. 成都的街景突出均好性

树，全城街道地面的铺装几乎用差不多的材料，一样地考究，并处处可见熊猫的标识(图5)。除了春熙路等商业中心着力化妆外，城市的很多街道都比较自在、得体，一面素脸，是成都的主"面"。

成都的传统建筑更是素脸了，以结构美来表达。今天成都的穿斗建筑越来越少了，但我1988年第一次来成都的时候，满街都是。所以今天成都的建筑很多画了"穿斗式"(图6)，挺美，它传达了这座城市审美的取向和历史的脉络。成都的历史建筑，好用青砖(图7)，与江南的粉墙黛瓦对比显得平实、和谐。一方水土养一方人，环境也影响着成都人，难怪"5.12"地震时，他们都显得那么从容不迫。

二、Detail的细脸成都[1]

在外人眼里，成都的建筑用材、装饰是比较简易粗放的，相对于皖南民居，似乎砖雕、木雕、石雕都不怎么出名，使用也不多见。其实，成都很多老旧建筑的装饰非常

细腻。多年前，我去郊区看过陈家桅杆，那里不仅院落深深，且用料考究，砖雕、木雕题材丰富，层次感强(图8)。

今天成都的很多街道、建筑都还比较细腻(图9)，哪怕普通住宅也重视细部表达(图10)，顶部、底部尤其要重点处理(图11)。比如已经被改头换面的人民商场，原来线条、悬挑乃至面砖的贴法都非常考究、独特，可惜前两年被简单的竖线条"装修"掉了。正因为乱拆乱改，成都市现在出台的管理措施很细，不管新建、改建，立面设计都要严格管理。城市建设管理往往对新建项目严格要求，对老旧建筑会松懈甚至放任，这恰恰会让城市失去自我特色，甚至成为被市场经济牵着脖子走的大花脸。

三、适度的花脸成都

成都太包容了，往往什么都可以存在其中。90年代，成都的建筑甚至找不到立面，完全被广告覆盖，我甚至怀疑以失去环境利益为代价的那些夸张、庞大的广告投入能否实现其经济利益。改革开放后东西部的差距，也

许让成都觉得内地无论什么都落后，干脆什么都可以丢，因此，什么风都追，一会儿修广场，一会儿搞涂料，一会儿欧陆风(图12)，甚至欧洲街……当然也有好的案例，譬如最近大家热议的原行政中心(图13)；前一阶段，一个意寓"内秀的钻石"的高新区综合大楼(图14)也不错；还有一片住宅区"清华坊"，要修成江南民居风格，专业人士担心会水土不服，修成后，社会影响很大，少有负面的评价。看来建筑创作首先要满足社会的需求、人的需求，而不是受制于专家之狭义"地域说"。现代城市文化的特征实际上就是多元包容——包容现代的、别人的，这才有城市文化的丰富，这才是城市的"大"，城市文化是个无底洞。西方很多大城市包容了"China Twon"，也没破坏、统治西方的城市文化。我到成都洛带古镇去过，江西会馆、广东会馆等等，外来建筑文化的来源很多，反倒增添了这个古镇的活力。这几座建筑很有品质，参观者多。所以，并不是追风就什么都不好，追求积极的时代精神，不能为错，错就错在追求消极的文化垃圾，抱残守缺还迷糊。但建筑追风手法若不以环境关系考虑，孤零零的，难以成为好。成都的新建筑重手法、技巧，三角形、圆形……"马克笔"、"针管笔"[2]……黑的、白的……还有原来好好的房子，今天要变着样涂上红的、黄的(图15~16)……什么都可以存在。但随着不断发展，

太放了，品种过多了，也就乱了，甚至原来的好作品迫于市场短期利益需要被涂改而污染了，丢失了原来的特色。长此以往，城市的整体文化特征也会丢失。所以，成都当前的建设管理非常严格，力度也非常大，除了必须要进行立面专项审查外，对城市色彩有了严格的控制，商业广告也有控制性的详细规划(图17~18)，同时对新农村建设出台了详细的建设导则，这就是政府出面的"度"的把握。所以，今天成都的街景已经不像办糖酒会广告似的花哨了，甚至有些成都农村的新建筑如"五朵金花"，地域特色浓郁，和谐统一，参访者众。当然，统一不能包治百病，火锅中没了辣椒，色香味变了，就不是成都了。"花脸"就是给城市添彩，只要相对统一，哪怕不是高水平的作品在一起，整体也和谐而丰富(图19)。

四、盛装的旧脸成都

成都的老东西拆的差不多了，最近迷上了历史街区的营造，这倒符合审美的"钟摆定理"。宽窄巷子以前几乎都是大杂院了，一年比一年败落，但留存了不少门楼、院落，其街巷也无大的破坏，学建筑的喜欢去。近期"装修"上阵，老街区加上了钢和玻璃，尽管不像以前那么亲切了，但我还是挺喜欢去，有看头，建筑更细腻，层次更

12.成都锦江南岸风情
13.成都市原行政中心
14.高新区综合楼
15.轻工大厦新貌
16.民贸大厦新貌
17.盐市口建筑与广告

18. 盐市口建筑与广告
19. 顺城街街景
20. 改造后的宽巷子
21. 锦里街景
22. 成都熊猫基地
23. 远处下方即是成都"泰坦尼克"建筑
24. 伦敦眼

丰富了(图20)。的确,会客的时候,需要穿好一点的衣服,脸要洗干净,上点粉,既得体,又尊重。来了客人,我最喜欢带他们到宽窄巷子坐坐,在我的认识里,那是体面的老成都。近年在成都"开业"的老街区一个接一个,那条完全新造的"锦里古街"还真浓缩了成都建筑的精华(图21)。我觉得宽窄巷子及锦里已经是成都的城市会客厅了,可见在中国现代化大拆大建的"千城一面"后,地区特色建筑中的地方文化体验已经是当代人的渴求了。

五、地震中的笑脸成都

成都在"5.12"地震中经受了不小的考验,但成都人很坦然,成都的建筑也一样不紧不慢地推进。宽窄巷子就是在全社会对成都心有余悸的情况下开街的,恰逢秦佑国老师去什邡搞灾后重建,我与秦老师算是挤了个热闹,尽管下雨,也是人山人海,真是"处震不惊"。成都的很多建筑很坦然,真实。最近造访了熊猫基地(图22),这些建筑、雕塑栩栩如生,"熊猫"氛围浓厚,游客印象非常深刻。《泰坦尼克号》热播后,成都在锦江河岸上用建筑修了一条船,批者众,也算是经历了风风雨雨,最近倒没人批了,坐在船上,还真有莅临大江大河之感(图23),西昌以最快速度复制了此"船",激发了旅游业。城市中偶尔存在的POP,也不会毁了城市文化,正如"伦敦眼"一样(图

24)。 建筑是为人服务的,建筑设计工作在设计师开始工作前,要加上社会调研这个环节,了解社会需要,再回到专业按套路出牌,这样的相辅相成乃建筑设计之道。

"人面不知何处去,桃花依旧笑春风。"成都有很多张脸,"5.12"成都的坦然会永远让人感动,它代表了民族精神,这是一座千年古城生机勃勃的新生。成都古往今来一直在"变脸",这是其永远不变的城市气质。多元而包容,是这座城市充满魅力的地方。

*图片来源:图6由余坪提供图,图8由何晓军提供,图22由刘民提供,图23、24由周鑫提供,其余为作者拍摄

注释

1.《新华词典》无"细脸"一词,意指注重细节。

2.马克笔、针管笔是成都建筑界内的戏言,无贬义,指几个标志性的建筑形象似立着的马克笔、针管笔。

作者单位:西南交通大学建筑学院

明日成都与休闲生活
——成都城市空间分析与休闲生活模式传承

Chengdu's Tomorrow and Leisure Life
A Spatial Analysis on Urban Spaces of Chengdu
and the Continuity of Leisure Lifestyle

杨青娟 *Yang Qingjuan*

主题报道 36
COMMUNITY DESIGN

[摘要]本文分析了休闲生活模式与城市结构、街道格局和开放空间、建筑之间存在的联系，分析成都未来发展过程中，这三层次城市空间将会产生的变化和带来的影响，及其对休闲生活模式的挑战，并提出了建议。

[关键词]成都、城市空间、休闲生活模式

Abstarct: *The article analyzes the relationship between patterns of leisure life and urban structure, road system and open space, and architecture.Furthermore, it studies the future transformation and impacts of these three elemnts in the future development of the city, as well as the challenges they will bring to the leisure lifestyle.*

Keywords: *Chengdu, urban space, leisure lifestyle*

成都生活以悠闲、轻松、惬意而闻名天下。通常，人们认为相对封闭稳定的环境及天府之国不知饥馑的富足生活、宜人的气候形成了这种生活模式。经过长期的历史积累，它已经以生活目标、休闲方式、心态心境等形式固化在了成都人的生活中，并成为了城市文化的一部分。杜甫50岁在成都赋诗云"水流心不竞，云在意俱迟"[1]，正诗意地体现了这种生活模式的文化意境。

这种休闲生活的模式是非物质的，有着文化、经济甚至气候等复杂的背景因素，但它也反映在作为"生活容器"的城市空间中。曾有旅客这样描述："在成都旅行的最好方式是徒步。成都的大街小巷、漫步在茶肆之间与细雨之中，才能体会到成都的悠闲。"[2]同时这种城市空间反过来也影响着人们的休闲生活。日益扩大和发展的现代化都市是否会影响成都人延续传统的休闲生活模式，值得我们思考。

一、成都规划发展概述

西周建都，"一年而所居成聚，二年成邑，三年成都"，这是成都最初的雏形。到西汉初期，成都已发展成人口50多万的"西部第一城"，并初步形成了大城、少城共存的"重城"格局[3]。其后，成都又经历了多次城市变迁，但总体来说，城市范围扩展不大。这种情况一直持续到新中国成立。

新中国成立初期，成都成为了国家重点发展的城市之一，对下属辖区进行了调整，但其总体发展速度仍然缓慢。直到十多年前，成都才修建了二环路，二环路内城市面积60多平方公里，标志其进入了城市规模快速扩张的时期。2003年三环路通车，城市核心区面积约193km²，2006年绕城高速免费使用，意味着城市市区面积又扩大到了598km²。在这段过程中，成都以同心圆扩展的方式向外发

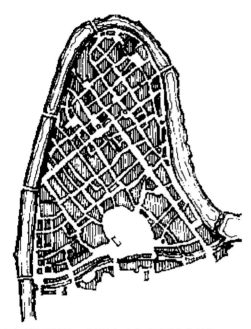

1.意大利维罗纳城，道路和河流构成了城市的骨架

展，"金河穿城过，御河绕皇城"的景象已成为了历史，唯一依稀可存的是三城格局。但"皇城"已不复存在，"大城"高楼林立，"少城"也仅存于个别历史街区[4]。

按照成都总体规划，在2020年将形成包括中心城五城区、新都、华阳郫县在内的面积达3681km²的"都市区"。绕城高速内是城市中心城区，周边分布新都–青白江、温江、郫县等边缘组团区，最终形成"一主七卫"的格局。中心城区将划分成13个分区、22个大区。中心城市的结构由单中心发展到多中心，形成"市中心–副中心–大区中心–居住区中心"的城市结构[5]。

二、成都城市空间及其变化

任何一个城市从空间上都可以大致分作三个层次：1.总体结构；2.由城市道路、河流及其串接的开放空间构成的城市骨架(图1)；3.城市中数量最多的实体元素和界面。这三个层次在成都城市发展的过程中都在不断演进变化，影响着人们在城市中的生活。

1.城市结构

通常城市可以呈现出星座式、带形、卫星城、格网城市组团等不同的结构形式。成都在历史上一直延续星座式的城市结构，大城、少城和皇城组成的重城格局绵延了千余年。但随着新规划的发展，成都将演化成"一主七卫"的多中心城市格局，其总体尺度也将扩张。

2.街道格局和开放空间

成都现有城区的整体路网延续了传统的路网骨架，其中包括部分鱼脊路网和南北轴向道路。建筑密度高，路网密集，市中心许多街道尺度较小。传统府河、南河的河道保留，河岸经过整治已形成滨水空间。但在新建的城区中，路网尺度较中心城区大，难以延续中心城区传统的街道空间和格局。

成都的开放空间包括广场、公园等，特别是公园等绿地对城市环境影响很大。从历史上看，成都是国内建设现代公园最早的城市之一[6]，早在1911年就修建了少城公园（即现人民公园）。其后结合杜甫草堂、武侯祠等历史建筑以及青羊宫、昭觉寺等寺庙园林，又建设了许多城市公园和绿地。据2005年统计，成都共有113座公园（市级公园39座、区级和居住区级公园74座），总面积近2000hm²，街旁游园436个。在整体布局中，既有沙河带状公园、东湖公园、浣花溪公园等大型公园，又有数量较多的小型街旁游园和居住区级公园作为补充，基本达到了"500m服务半径"，为居民提供了良好的游憩、休闲场所，也改善了城市的生态环境。

3.建筑

每个城市的建筑都由公共、商业、居住等多种类型构成，他们共同构成了城市重要的硬质界面，在一定程度上"担负着城市的认知功能，形成城市生活，构成城市印象"[7]。以其中数量最多也与居民生活密切相关的居住建筑为例，成都的住宅建筑在过去的一个世纪中从传统的一层木构民居发展到3～4层的底层楼房，如今则为多层和高层住宅。建筑的建造方式、尺度与材料风格都发生了彻底变化，在很大程度上，改变了人们对城市的空间感受。在城市进一步发展中，新区城市建筑基本完全新建，很少或不会涉及传统建筑的保留、修缮等问题。这一方面使得建造活动因为不需要考虑与现状协调的问题而显得相对简单，但另一方面也令全新的建设区域如何形成场所感，得到居住者的认可是个挑战。

"经典缺乏，记忆流失。童年时代那种青石板滴水檐巷陌幽深的感觉没有了……川西坝子的土地，在放弃了传统又没有选择现代的建筑思路中——不清不楚不文不武不丁不八地散落着一堆水泥、一堆玻璃、一堆铝材，倒像一桌'诈和'的麻将牌。"[8]这样的评价也许过于犀利、戏谑，但令人遗憾的是它还是引来了人们会心的笑容，其中

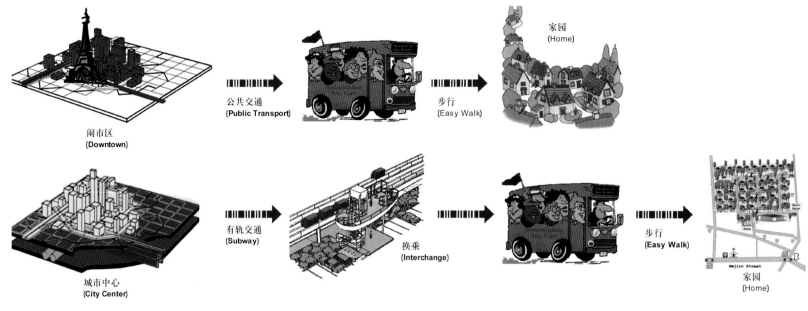

闹市区
(Downtown)

公共交通
(Public Transport)

步行
(Easy Walk)

家园
(Home)

城市中心
(City Center)

有轨交通
(Subway)

换乘
(Interchange)

步行
(Easy Walk)

家园
(Home)

2.上下班交通路径的变化

恐怕也包括建筑师。

城市不断发展的目的是为了给更多的人提供美好生活的场所，但是其结果并不完全如人意："从世界范围来看，因城市发展过速而形成了无秩序的特大城市已经失去控制，开始走向非人性和丧失精神功能的道路"[9]。为了避免这种情况发生，城市的规划建设就必须关注其中的人和他们的生活。

三、传统休闲生活模式与新城市空间要素的关联

成都人传统的休闲生活包括许多生活习俗[10]，如"吃闲茶"，即到茶馆喝茶，"据统计1935年成都街巷667条，茶馆599家"[11]。"喜邀游"，成都人出行率高，喜欢户外活动。成都成为汽车第三城，也与此有关。"看热闹"，人们认为"地处内陆闭塞的地理位置，自行其乐的孤陋寡闻"使得成都人喜欢"看稀奇"。古人称成都人"俗好娱乐"。在新的历史时期人们的休闲活动内容发生了变化，逛商场、健身、看电影也逐渐成为现代成都人休闲生活的多元化选择之一。而城市空间作为所有这些事件的发生场所与之必然地联系在了一起。

1.城市结构和休闲时空变化

城市的不断扩展和结构的改变影响了休闲时间和空间距离。从时间角度来看，城市的扩展延长了人们在路途中所用的时间，其中最明显的莫过于每天上下班的路径，原来是由市中心经公交路线回家，而现在多中心的大都市上下班的路径将会扩展到由城市中心经公交系统（地铁、公共汽车等）到转换枢纽，再经公交路线回家（图2）。其结果将是每天花在路途上的时间较现在明显延长。"每天花3、4个小时在路上，真的是一种浪费。而且这个过程中充满了不体面和受挫感。"[12]由于闲暇时光是休闲的首要因素，因此时间上的浪费对悠闲生活影响明显。

从空间的角度来看，城市的发展导致了休闲空间距离的变化，而人们休闲活动与空间结构、距离有着密切联系。对深圳市民进行的研究表明[13]，0~1km是基本（社区）休闲空间；0~5km是主要的外出休闲空间，集中了90%的外出休闲活动；0~10km是居民日常休闲空间，集中了95%的外出休闲活动。而专门针对成都展开的调查表明，"成都市居民休闲活动空间主要集中在10km以内，其中高中档歌舞及茶棋牌、公园活动以5~10km地带最密集，中低档歌舞、茶棋牌活动多集中在1~6公里区域，电影休闲活动距离最短，主要集中在1~3km范围内"[14]。因此城市的扩大将会影响到居民的休闲活动选择。

2.街道格局、开放空间和休闲空间构建

城市新区建设涉及到了街道格局和开放空间的设计，这是城市设计的关键，直接影响着休闲空间的构建。

（1）公园和街头游园等开放空间

休闲空间涉及文化设施、体育设施、游园设施等三类休闲设施，其中对于成都人而言人气最旺的是游园设施。

对于外来人员来说，打牌喝茶是成都悠闲生活最外显的形式，也是旅客体验成都悠闲生活的好方法。在曾经进行过的成都人休闲偏好研究中，无论男女有相当一部分人选择棋牌。而公园和街头游园是成都人最常光顾的喝茶、锻炼和晒太阳的场所。成都的望江公园、浣花溪公园、南郊公园等场所从早上开始就人流不断。到了周末，特别是阳光明媚的时候这些地方更是游人如织，甚至茶铺一座难求。

（2）街道尺度和功能的综合设计

成都市传统城区的街道尺度小，功能混杂但却生机勃勃。雅各布斯在《美国大城市的生与死》中也表达了对富有生活趣味的城市街道空间的赞赏，她敏锐地提出"街道眼"的概念，反对建设那些表面光鲜但实际冷冰冰的"花园城市"，它主张保持小尺度的街区和街道上的各种小店

铺，以增加街道生活中人们相互见面的机会，从而增强街道的安全感。理查德·罗杰斯也曾在1995年的雷斯演讲中赞美了"路边咖啡馆"式的美好生活。

3.建筑与私人休闲空间

城市的休闲空间可以划分为私人休闲空间和公共休闲空间[15]。建筑所构成的空间与私人休闲空间密切相关，它提供了人们日常生活最重要的场景。正如在前文所论述的住宅建筑的发展其实影响和改变了私人休闲的空间。传统院落中进行的邻里间交往几乎消失在现代化的钢筋水泥中，人们倾向于更家庭化的休闲活动。在居住区环境设计日渐完善之后，社区邻里之间的交往休闲才又有所依托。但大多数人的私人休闲空间与传统模式相比却发生了不可逆转的变化。

四、传统休闲生活模式在城市不断发展中面临的挑战及其思考

不管外界如何变化，成都人对休闲生活的热爱和追求及其背后的文化底蕴并没有消失。2007年举行的中国休闲产业经济论坛评选出了国内十大休闲城市，成都居于首位。但随着经济的发展、生活压力的增大和生活空间的变化，休闲生活模式的延续也并非是顺理成章的必然结果。尽管空间环境决定论的批评者认为"现实生活社会活动及其联系的网络并不会限定在固定的空间范围内"[16]，但除去经济、文化等多种因素，城市空间在一定程度上也起着非常微妙的作用。这也决定了传统休闲生活模式中城市的不断发展面临着挑战：

（1）城市尺度扩大，路程时间延长，闲暇时间受到挤压。同时城市周边休闲场所因路途较远而丧失吸引力；

（2）城市化程度提高，人口增加，休闲场所需求增大，假期休闲场所人满为患的局面可能加剧；

（3）把新区建设得现代、豪华的美丽陷阱导致街道空间尺度"宏伟"，过度的美学追求以丰富的城市生活丧失为代价；

（4）没有既有的空间记忆，没有人与土地的联系，欠缺文化内涵和场所精神的城市空间很难唤起居住者的归属感，导致休闲生活缺乏精神、文化依托而流于涣散和平庸。

在成都城市发展建设规划中，应该对这些挑战进行思考：

（1）构建合理的交通体系，提高公交系统效率，优化换乘空间缩短路途时间。只有这样才能保证居民的闲暇时间，同时提高生活舒适度；

（2）在城市建设中注意城市文脉的延续，营建场所精神，提高居民对所居住区域的认同感；

（3）重视公园、街头游园和广场等城市开放空间设计，重视文化、体育、游园设施的规划设计，保证其空间分布、规模和组成，更好地提供多样化市民休闲空间；

（4）构建更人性化同时功能合理、尺度适宜的街道空间。不过度追求美学效果，更关注街道所容纳的人的活动，构建富于活力的城市街道空间。

只有针对这些问题进行细致思索，并落实到实际的设计和建设中才能保证传统休闲生活模式在新时期以新的面貌得以延续。

五、结语

成都已经延续了两千多年的历史，并成为了闻名全国的休闲城市。在新的时期，成都城市的发展更加迅速宏伟，范围不断扩大，尺度不断增加，但城市的宜居程度并不一定与之成正比变化。成都人在享受了历史悠久的休闲生活之后，面临着社会、经济发展的双重压力。当人们站在宽阔的街道上，仰望高层建筑遮蔽的天空时，也许会感到四顾茫茫的失落。2010年上海世博会的主题是"城市，让生活更美好"，这应该是每个人的向往。因此思考成都城市发展过程中对传统休闲生活模式可能产生的冲击，并探索应对的策略应该是有价值的。

注释

1.[唐]杜甫. 江亭

2.http://www.ctrip.com/community/itinerarywri/1011225.html

3.http://www.lookinto.cn/theory/1851

4.5.舟渡. 成都"西优"：人本之城的目标与向往. 读城, 2008(10)

6.创建国家园林城市(内部资料)

7.齐康主编. 城市建筑. 东南大学出版社. 371

8.李承鹏. 成都，一座随时可以拆迁的城市. http://blog.sina.com.cn/s/blog_46e7ba41010000bj.html

9.芦原义信. 街道美学. 百花文艺出版社. 91

10.罗明. 成都的地域习俗和日常生活的精神方式. 成都大学学报, 2001(4).15

11.同上.15

12.http://blog.worlddiy.net/index.php/45182/viewspace-26256

13.刘志林，柴彦威. 深圳市民周末休闲活动的空间结构. 经济地理. 2001.7.505

14.杨国良. 城市居民休闲行为对娱乐业发展的影响研究-以成都为例. 人文地理, 2003.6.22

15.徐明宏. 休闲城市. 东南大学出版社. 7

16.[英]尼格尔·泰勒. 1945年后西方城市规划理论的流变. 李白玉译. 中国建筑工业出版社. 41

作者单位：西南交通大学建筑学院

成都居住文化与城市设计

Residential Culture and Urban Design of Chengdu

陈可石 Chen Keshi

[摘要]成都的魅力在于其独特的居住文化；未来城市的发展应该从自身独具特色的居住文化当中思考，如何把城市设计作为一种理念和方法，引进到新的城市规划当中，并用新的理念创造出更具特色的新城市。

[关键词]休闲式居住文化、城市休闲带、传统城市肌理、城市综合体、区域特征

Abstract: *The charm of Chengdu lies in its unique residential culture; therefore, the development and design of future Chengdu should be inspired by its own unique residential culture. We need to contemplate on how to introduce urban design as a new concept and method into the urban planning system and create a new city with its characteristics.*

Keywords: *the culture of leisure housing, urban greenbelt, mechanism of traditional city, HOPSCA regional characters*

一、简述

俗话说一方水土养一方人，这句话用在成都再合适不过了，因为成都的居住文化极有特点。2005年开始我们在成都做了很多规划设计，在这个过程中，不断地观察和体验了这个城市居住文化的特征。

二、成都居住文化

成都的居住文化到底有什么特征？

我接触过很多到过成都或迁居到成都的人，发现他们有一个共同点，就是非常热爱这座城市，热爱这座城市的生活方式，比如吃、住、娱乐等。他们来自南北各地，起初因工作需要来成都，但生活一段时间后，都选择定居于此。这是一个非常有意义的现象，在此我们看到了成都文化的包容性：成都人好客，不把外来人当成外人，喜欢交朋友，能接受各式各样新的东西。成都人天生具有幽默和才情，同其他城市比起来，成都的居住文化就显得非常有特点。

首先是成都人的休闲式居住文化。成都人非常注重休闲，在成都，你会感觉生活在一种非常宽松、舒逸的气氛中。晚饭是成都人非常重视的一件事情，午饭过后，朋友之间就会预约晚餐，如果到了下午5点钟还不预约朋友，就有可能约不到了，有时预约时间甚至要提前一天。就餐地点与环境、餐厅菜式、口味等等都是考虑的因素。这些都表现出成都人对生活品质的重视。成都还有很多的夜生活，茶点、夜宵、街头小吃非常丰富，成都人甚至通宵达

1.2.洛带古镇改造规划方案

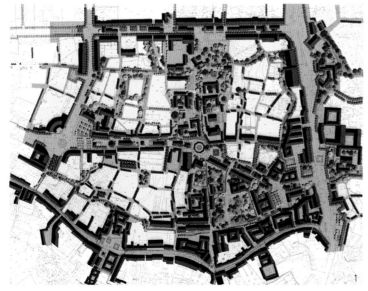

1

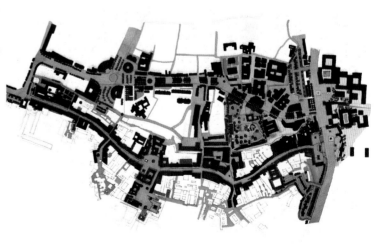

2

旦沉醉在如此轻松自在的氛围中。

成都人的周末生活更为休闲，其模式非常像欧洲。人们都选择一种回归自然的生活方式，早晨一家几口人开上车去郊外，与这种生活方式相配套的就是农家乐。从其产生发展到规范化，再到与旅游业的配合，至今甚至出现了像"五朵金花"这样大规模的消费模式。像龙泉的桃花节是一种很令人震撼的景象：整座山上开满了桃花，桃树下坐着吃饭、打牌、喝茶的人，外来的客人看到这种景象甚至以为成都人都不用上班的。

成都的郊区非常美。有龙门山、龙泉山、都江堰、青城山、四姑娘山、阿坝、甘孜、大渡河等风景区，这些地方是成都人周末生活中别样的天地。成都的生活方式凝聚了成都人的生活理念。大家想尽办法玩，想活得更好，更滋润，成都话形容叫安逸。

三、成都居住文化与城市的矛盾

今天的成都在规划、设计以及城市建设中有很多与成都居住文化相矛盾的地方。

首先应该肯定的是这个城市拥有深厚的传统，也具备大的城市软文化平台。而今天成都的建设忽略了其以往的居住文化特色：很多楼盘把沿海城市的成功模式移植到这里，从楼盘的总平面到建筑，再到园林景观。虽然有些项目在表面上是成功的经验，但实则是存在很大问题的。

目前成都的城市结构与其全国最佳的旅游城市、伟大的休闲城市和有着良好居住文化城市的称呼是不匹配的。举例来说，锦江和护城河都穿过了成都，但河流的两岸都是交通线，没有形成城市生活的休闲带，水流过这座城市，对城市没有任何影响。而巴黎的塞纳河则为城市生活注入了很多元素和活力。

另外成都没有很好的步行区，算上现在正在发展的大慈寺、春熙路，都没有体现出成都的传统文化。虽然春熙路的人气很旺，但是从规划角度来看，并没有真正体现城市特色。反倒是一些旧城改造项目，比如宽巷子、锦里，表现出了成都的特色。特别是宽巷子，它把传统成都的肌理完整地保留下来。虽然经过改造，其内部的空间是现代的，甚至是超前的，但是街道保持了成都传统的城市肌理，这种肌理正好印证了成都传统居住文化的特征。

过去几年我们参与规划改造的成都洛带古镇是另外一个成功的例子——保持了传统的文化价值与文物价值，同时也力求与现代生活结合在一起(图1～10)。

洛带、锦里、宽窄巷子等这样成功的例子，体现出成都作为宜居城市的一些特征。这是传统的方面，同时我们

3～10.洛带古镇实景图

11.成都龙泉驿区的艺景湾鸟瞰图

12.都江堰旧城改造规划
13.都江堰旧城改造规划局部区域

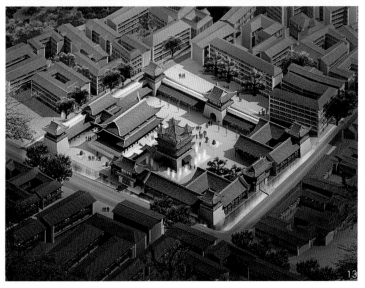

也在努力寻找新的生活模式。比如成都的玉林小区,规划的时候并没有预料到它会变成成都非常受欢迎的住宅小区,但是它体现了成都新区域与居住文化的衔接与吻合,这是值得研究的。

四、成都居住文化与设计实践

如何就成都的居住文化与城市设计作统筹考虑,在城市设计上体现出城市居住文化的特征,并以城市居住文化作为未来城市发展的出发点,这是成都值得研究的核心问题。

2005年我们开始做成都龙泉驿区的概念规划和城市设计,以我们对成都的东边,至少是龙泉驿区的了解,其应该是一个在居住文化方面体现出特征的城市。独特的宜居城市建立的基础就是独特的居住文化,我们在成都的龙泉驿区的项目设计上,便希望体现宜居的居住文化特征。

比如龙泉驿区的艺景湾项目(图11),当时在设计的时候,我们考察了整个成都的项目,发现很多都有模仿其他城市成功案例的现象。针对"成都人到底喜欢什么"这一疑问,我们提出是否可以做一个纯多层,强调每户的均好性,实际上就像欧洲和美国加州的新住宅区。

该项目空间上相对来说比较整齐,没有特别大的庭院,但是每户的均好性很强,得到的景观和空间能体现出其优势,没有明显的倾向性,因此艺景湾在销售的时候取得了巨大的成功。

在其他的区域,像都江堰我们完成了其老城区的旧城改造研究。这个项目实际上非常能够体现出成都生活的特色(图12~13)。

在这个项目上我们非常注重保持传统的城市肌理,因为它往往是一种居住文化的体现,而且经过很长历史的沉淀和考验,是非常珍贵的。在规划都江堰老城区的时候,我们提出恢复清光绪年间老灌县的街道肌理,包括它的公共空间系统,并花了大量的时间来研究。从清代光绪年间流传下来的资料来看,当时灌县县城的街道公共空间系统是非常好的,有大型的如文庙、水都府这样的公共建筑,还有一些传统的广场,沿江的部分也有一些非常好的景观。但是我们不能恢复光绪年间的城市,而是应该在这个基础上做到与现代的生活方式结合起来,又使传统的城市空间有所提升。水是都江堰非常重要的特征,但是城市内并没有把这个因素引用进去,因此我们考虑到把水系统加入到街道公共空间系统中去。欧洲的很多城市在这方面做得非常好,极端的例子如威尼斯、阿姆斯特丹便是以水城为人称道的。"5.12"地震之后,都江堰力求把整个城市改造成一个更有吸引力与竞争力的旅游城市,我们在设计当中体现了比较多这方面的理念。

接下来介绍一个典型的城市综合体——成都模式的红牌楼广场(图14)。我们在设计这个方案的时候,深入调查了其所在的武侯区,这里不单是一个市属生活非常丰富的区域,而且是一个具有藏族移民区特征的区域。

2003年,红牌楼在北京举办过一个展览,介绍其藏族文化特征。考虑到它本身是川藏线成都进入西藏的门户,我们做规划的时候非常重视这些特征,在建筑的形态、风格上予以考虑。红牌楼广场的定位为体现成都的居住文化与居民生活方式,提供全天候的休闲娱乐。可以说成都的居住文化是我们设计产生灵感的地方,是一个起点。

五、成都居住文化与未来新城设计

14：红牌楼广场鸟瞰图

成都的居住文化和未来的城市设计应该是同步的。我越来越觉得成都应该走伦敦的城市设计模式。伦敦也是一个很大的休闲城市，被称作一千个大村庄的集合，休闲业即第三产业和文化产业非常发达。成都未来的新城城市设计就应该像伦敦一样，我们希望结合成都固有的传统居住文化来设计，结合其他欧美城市的成功经验，走以轨道交通为导向的多中心、小组团的紧凑型城市设计道路。现在成都规划的轨道交通向东南西北几个方向发展，会取代现在的高速公路作为一种主要的城市生长轴线。在这种布局下面，轨道交通是最有发展潜力的城市空间。在以轨道站点为核心的基础上，建立多中心、小组团的模式。多中心是说不要把成都定位成东南西北四个中心，而是多个中心，其可以是根据轨道交通走向其发展的多中心。另外小组团一定不能做成卫星城，因为成都的生活模式不是以工作、制造为主的，而是以消费为主的居住文化。所以成都的居住文化应该体现出小组团的模式，发展复合型城区和复合功能城市空间。

六、成都应当重视发展城市综合体

和多中心小组团相匹配的就是城市综合体。成都应该发展100～150个以轨道站为主，带有地下空间开发的全天候的城市综合体。其特征是在有效的交通半径内，在有轨交通，特别是地铁的带动下，能够使土地集约化，并令城市空间以紧凑型发展。在一个2km^{2}的城市综合体辐射范围内，300～500亩的土地区域可以容纳两万人。以城市综合体为中心，在一个小组团内可以创造超过70%的就业机会，生活在这个组团的人不需要到别的区域工作，这是现在欧洲目前普遍提倡的。因此多中心小组团，以城市综合体为基础的紧凑型城市是成都重要的发展方向。在这样的思维下，我们必须回到成都目前非常值得肯定的总体规划构思，即楔型绿地，其在成都是结合当地居住文化而产生的带有城市绿地、农家乐、休闲地带、散风口、大地景观等的综合模式。

成都目前的总规平面看上去非常像一个风车、叶片，但是这宗叶片一不留意就会像北京现在走的摊大饼路线，从三环到七环，以后也许有十环，但是环与环之间没有多少绿地。成都千万不能走这样的道路，因为她的良田非常漂亮，楔形绿地和城市构成很大的田园风光，同时也是一种城市通风口，这是非常不容易的，规划上能控制下来是经过了多年努力的。多中心小组团的发展模式将创造与楔形绿地相平衡的城市发展模式。

未来成都的城市形态、公共空间、绿地系统、景观系统应该深入地体现成都居住文化的特征，率先创造出一种有特点的城市设计方向，而不是跟着其他城市走。我特别注意到成都周边的古镇，如洛带古镇、黄龙溪古镇、平乐古镇、街子古镇，它们确实是一百多年前成都生活方式的重要体现。如何创造出新的代表成都居住文化的城市空间形态，是设计师和政府官员应该思考的。我们应该树立信心，创造一种属于成都、代表成都居住文化的城市空间和发展模式，这才是未来城市设计最重要的理念。

作者单位：北京大学深圳研究生院环境与城市学院

北京大学中国城市设计研究中心

我理想的 "最成都"

My Ideal "Chengdu-est"

— 鸥 Yi Ou

夏天的时候去了贵阳——一个山地城市，出机场的时候，凉风习习，很是舒爽。可是，坐上汽车，往旅店直奔的时候，一下子却恍然若梦，不知身在何处。

一样的笔直宽敞的机场大道；一样的铝合金方框的收费站；一样的广场，广场上一样的罗马柱喷水池；一样的高楼大厦；一样的飘窗；一样的铁栅栏通透围墙；一样的马赛克、玻璃幕墙；甚至一样的霓虹灯……如果要我说出对贵阳的第一印象，除了气候凉爽，对城市的建设和风格，实在找不到有重量的词。我走过大半个中国的城市，几乎个个千篇一律。建筑大师贝聿铭曾这样评论中国的建筑师："他们尝试过苏联的方式，结果他们对那些按苏联方式建造的建筑物深恶痛绝。现在他们试图采纳西方的方式，我担心他们最终同样会讨厌他们的建筑。"

如果要再追问我——一个土生土长的成都人，成都的风格是什么？成都城市建筑的特点是什么？我只有张口结舌无言以对。成都一直以"休闲之都"作为自己的标签，细究起来，怎样的成都才是"休闲之都"？成都的风格和灵魂，文化的、传统的、建筑的、地域的……究竟什么样的城市才能荣膺"休闲之都"的称号？诚然，建筑构成了城市，可是建筑须得有传承，有历史，有底气，才可能有生命，有灵魂，有风格。成都越来越像别的城市，就是不像成都。

而关于"最成都"的记忆又在哪里？

首先说说成都市花芙蓉。它秋天开花，"一日间凡三色"，初花的白，盛花的粉，晚花的红，古人称"三醉芙蓉"。宋人《成都古今记》记载说："五代时，孟蜀后主于成都城上遍种芙蓉，每至秋，四十里如锦绣，高下相照，因名锦城。"史载，蜀后主孟昶的宠妃最爱芙蓉花，被封为"花蕊夫人"。在成都名片之一的歌舞剧《金沙》里面，花蕊夫人那一场，众女翩翩起舞靡靡合歌，和由来已久的成都本土风格暗合。成都的地理位置在中国腹地的肚脐眼部分，先天具有一种暧昧倾向，一种肉体深度，芙蓉花无疑和这个叫做成都的城市，血脉相惜。其本身也十分像成都人：温软，中间色，内涵深厚，在随遇而安的市井气质中，透出一种冷暖自明的淡定，在秋天的花丛中，自开自放自乐自伤，显然是平民生活的写照。

再说火锅。张艺谋为成都制作的广告片《成都，一个来了就不想离开的地方》，里面多次出现热辣的火锅场面。很多外地人到了成都，第一个想到的就是应该去吃火锅。火锅之所以这么受欢迎，主要原因是成都的地理气候。古语有"蜀犬吠日"，四川的狗因成都常年阴天多云，不知太阳为何物，偶一见之，即狂吠不已。这种阴冷潮湿的气候，用火锅的麻辣烫来对抗，实际上就是一种食疗——花椒有祛风湿的作用。成都的传统饮食偏麻辣，强调的是麻，和贵州的酸辣、湖南的辛辣大不相同。

必须要说到的还有成都的茶馆，它差不多算得上成都人生活的一个最大的注脚，是成都人召朋会友、拽磕打睡、读书神聊的社交场所。当然，很多时候喝茶是表，社交发呆是里。

成都人喝茶，风格比较私人化，讲究自给自足，自己掺，慢慢喝，讲究啜饮，小口小口的，即便一杯下肚，杯底的茶母子也不会抽干。用成都话说，那种弄得叮叮咚咚阵仗大的，是"抽水"，就像水车一样，劲道大，几口就把水抽干了，这样，杯底的茶母子就完蛋了，泡不起了。再冲水下去，也不行，淡扁扁的，没有茶味。每次掺水，都须在杯底留一点茶水，茶母子丰厚，可以多次冲泡，善喝茶的人，一杯茶，可以慢慢品到天黑，都不见白。那种为了解渴而喝的茶，不属于成都的茶馆文化。

可以这样慢品的茶，可以这样欣赏的芙蓉花，可以这样耗时且麻辣的火锅，是需要相应的文化积淀、历史传承、时间节奏和生活方式与之匹配的，这种匹配其实就是休闲的定义，即个人和高度竞争的现代社会环境之间，主动地制造疏离。

在一片高度竞争的环境中说疏离，似乎是一种奢侈。我们生活的常态，往往就是愈忙愈有安全感，好像忙碌才代表了重要、有意义，而停留和延缓则是一种退步。平心静气地看，如果把人的存在，看成是一个自然物的荣枯过程，就会发现，同物质世界的疏离，其实就是天地万物的正常状态，田地的休耕，动物的冬眠，植物的落叶，水面的冰结，日夜的交替……

2008年5月12日发生的汶川大地震，使很多成都人不由得对自己的生活发出了疑问。一个人的心灵和肉身，可以一直在高度竞争的环境中燃烧吗？一个社会的发展繁荣，能够长期地以消灭传统文化为代价吗？我们赖以生存的自然环境，可以允许人类这样无休止地索取吗？

对于个体生命的本义来说，疏离就是心灵的隐居，在生活外形上降低速度，精神则放归自然。休闲的本质不是软弱，不是懒惰，而是对生活的珍视，对生活细节的孜孜追求和刻意铺排，这种珍视强调的是向内生活，而非向外扩张。

所谓"最成都"风格的宽窄巷子，民俗一条街"锦里"，算是近年来在成都的城市改造中比较成功的，其实就是修旧如旧的老街老巷和传统生活场景的现代翻版。这两个地方都在市中心，周边高楼林立，占地面积大不起来。但是，那里的建筑是遵循老成都的民居特点来建造的，蕴含了古人的智慧，小不小，小中见大，平不平，平中见深。建筑物不高，两三层，房子与房子挨得很近，且人流量并不低，但是人在里面却少有逼仄压抑感。建筑物之间都有参差错落、形状各异的小院坝，巷道很窄，弯弯曲曲，楼下有街沿，楼上有回廊，灰砖红砖的照壁女墙，青瓦红棱，和土地的质感相近，这些构成了建筑的空白，承担了消解交通压力，疏导人流，隔断嘈杂的功能。建筑与建筑之间的空白，把这些负面的声影形，变成了背景，变成了游子记忆难泯的市声。行至于此，可以卸下背囊，安然片刻，解放自己的肉身，和朋友亲人相聚相逢，疏解情绪，慨叹人生。

正是从这里，我开始把握城市建筑的内涵：城市的灵魂，来自于普通人每日生活的创造和贡献。一个城市的美，就是积淀与城市平民生活有关的东西，一组民居，一条街道，一个市场，一种市声，天然凝聚了城市生长的年轮。

我在想，这就是一个城市的风格，风格不是一个单一名词，而是一个类群的人传承和创造的所有日常生活景象的归纳，她需要漫漫岁月长河的浸润，汤汤文化精神薪火的燃续，传统平民生活景致的抽象……因为岁月如水，流淌在城市民众的生活中，每一个细节都是无法模仿的。

"除人之外，城市何在？"莎士比亚在《柯里奥拉纳斯》中如是说。

"江南可采莲，莲叶何田田，鱼戏莲叶间。鱼戏莲叶东，鱼戏莲叶西，鱼戏莲叶南，鱼戏莲叶北"，这幅江南采莲图的乐府民歌中，鱼和莲的关系，可不可以比作城市建筑和现代人生活的理想关系？世俗生活需要建筑，建筑应该保有个人成长的空间，就像中国书画与古建筑的留白，让个人可以容与，可以游刃，可以鱼戏。人生如流水，若莲叶太满，清流也变成死水一潭。半罐子的生活，可以有空间，有成长，有纳新，有声响，在我看来，这就是"休闲之都"的意义所在。

作者单位：西南财经大学

成都——永远的休闲之都

Chengdu - An Everlasting City of Leisure

张先进 *Zhang Xianjin*

休闲，是人们工作之余的重要生活方式，是人类生理的自然需求，更是一种基于经济社会发展和人类文明进步的时尚潮流。在中国，有两座被称为最休闲的城市，一是东部的杭州，一是西部的成都。两座城市均有得天独厚的自然环境和璀璨多彩的人文积淀，在旅游产业蓬勃发展的最近10年，一直演绎着"休闲之都"的"双城记"。成都是"天府"，杭州是"天堂"，都是人们十分向往的地方，也都是我最喜爱的城市。但作为一名生于成都，长于成都并执业于成都的建筑师，对这座城市休闲特色的了解则更为深切，故仅专门就成都和它的休闲传统、休闲特色加以探析，以与同好交流。

一、成都城市的文化特色

成都文化丰富多彩，且具有鲜明的地方特色。从物质形态文化结构看，它具有享誉世界的水利文化（都江堰灌溉系统），极其发达的农业文化，独具特色的手工业文化和高度繁荣的商业文化；从意识形态文化结构看，它有源于古蜀原始崇拜的仙道文化，有从域外传来的佛教等宗教文化，当然更有中国主流思想的儒家文化，还有历代外省移民带来的移民文化；从社会阶层文化结构看，由于曾经是历史上多个封建割据政权的国都，特别是作为中国封建社会发展高峰的盛唐之后的前后蜀京城，成都曾经拥有灿烂奢丽的宫庭文化。这从前蜀皇帝王建的永陵和后蜀皇后花蕊夫人的《宫词》便可见一斑，且其皇室余韵一直飘延至明代。同时，由于一直是中国西部的重要文化中心，成都历来名宦鸿儒人才辈出，文化巨子灿若群星，有着品味极高的文化精英阶层的风雅文化。且由于物产富饶，气候宜人，商业发达，城市环境宜于居住，也形成了别具一格的市井文化。成都人在衣、食、住、行等各方面的文化习俗上，均显现出一种悠闲自得的从容。成都人素质温和，行为稳重，思维活跃，语言恢谐，自古因"地大物繁而俗好娱乐"，并且"家多宴乐"、"俗尚嬉游"，这就派生出成都极为鲜明的休闲特色和极具个性的休闲文化。

二、当之无愧的休闲之都

有人说：成都是一座来了就不想离开的城市，为什么？因为它休闲。休闲是成都城市生活的重要形态和突出特点。

成都地处美丽富饶的川西平原，有都江堰灌溉之利，沃野千里，物阜民丰。优越的地域自然环境，丰饶的物产资源，打下了城市富裕生活的基础。由于市井繁荣，百业兴旺，无论官宦商贾，工匠平民，工作之余皆好休闲娱乐，调节劳逸，舒展身心。休闲，是成都这座城市与生俱来的天性和传统。成都市域出土的大量汉代画像砖，以生动具象的形式，展现了2000年前成都城市丰富多彩的休闲生活。其中《宴集》、《宴饮》、《宴乐》、《宴舞》、《舞乐》、《观伎》、《宴饮观舞》等生活情景，俯拾皆是(见《中国巴蜀汉代画像砖大全》)。这些画像砖向人们展示的是汉代成都城市生活的真实写照：嘉树华堂，宾客群集，席地而饮，鼓乐腾欢。席间觥筹交错，伴以笙歌管弦，更有杂技杂耍与长袖飞旋的舞蹈，其欢快与热烈的情景极似现代PARTY和热舞迪吧。而成都出土的东汉说唱俑，其手舞足蹈、眉飞色舞的动作与神情，更充分展示着休闲生活的无限乐趣，正好是成都城市休闲生活的最佳形象代言人。

据《汉书·地理志》和《旧唐书·地理志》记载，从汉至唐，成都一直是除京师以外的第二大城市，生产发达，经济繁荣。所以"成都游赏之盛，甲于西蜀"。唐代地方行政官员倡导组织的春游浣花溪，岁宴玉溪院，前后蜀的宫庭宴舞和摩河池泛舟，流行于市井民间的各种乐舞、杂技和"蜀戏"，都为成都的休闲生活增加了丰富的色彩，赋予了深厚的内涵。许多著名的文化巨子和骚人墨客也来过这里，他们笔下的成都是"喧然名都会，吹箫间笙簧"，"锦城丝管日纷纷，半入江风半入云"（杜甫）。成都历史上也因战乱而衰废过，但一俟由乱而治，便会百废俱兴，重新发出迷人的光彩。明清两代，成都共拥有近500年的安定与发展。固有的物华天宝，传统的人杰地灵，千年的文化积淀，超强的自我修复功能，使成都依旧美丽与繁荣，也仍是名扬中国的西部大都会。到清代中后期，成都已引起了西方人士的高度关注与浓厚兴

1. 东汉说唱俑
2. 东汉宴乐画像砖
3. 传统而时尚——锦里汉肆的沿街吧座
4. 武侯祠桂荷楼——纳凉赏荷的人们

趣。罗伯特·柯白说成都"有西部的北京之称，以秀丽雅致闻名"；法国人马尼爱游历成都后也写道，成都"城内大街甚为宽阔，夹衢另筑两途，以便行人，如沪上之大马路，各铺装饰华丽，有绸缎店、首饰铺、汇兑庄、瓷器及古董筹铺，此真意外之观。其殆十八省中，只此一处，露出中国自新之象也"。"外国专家"对成都给出的评价不能说绝对准确，但他们确实受到了成都城市特色——历史悠久、商业发达、城市繁荣、生活富裕，仿佛世外仙都的强烈感染。据傅崇矩《成都通览》收录，清末时成都酒肆有558家，妓院有311家，茶馆有518家，此外还有大戏院2座，大戏班9家。从这些数据和资料，可以透析出这座繁华城市的休闲形态与休闲规模。透过历史，人们可以清楚地看到：2000多年的名城成都，一直荷载着休闲生活。千百年来，成都人饮宴、娱乐、品茶、游赏，享受着休闲的无比乐趣，过着悠闲自得的生活，其已经成为成都人根深蒂固的生活习俗和文化传统。

2000多年的积累，使成都的休闲文化十分丰富多彩。上至达官贵人，下至平民百姓皆有适合自己身份地位的休闲方式。但不分阶层，雅俗共赏的仍是社会主流，最为突出的是"茶馆文化"、"美食文化"、"戏曲文化"、"游赏文化"以及众多民俗节日和文娱形式。特别是茶馆文化，几乎成为成都休闲文化的代名词。但成都休闲文化的完整意义远不止其一端，它其实是物质环境条件与文化生活形态自然交融的和谐整体。成都茶馆自古闻名数量最多，成都美食誉满全球规模最大，成都民俗丰富多彩流传久远，成都戏曲独具特色蜚声海外，充分展观出成都人机智恢谐、乐容天下的人文精神。

再看今天的成都，经过近30年社会经济的快速发展，其结构与面貌发生了翻天覆地的变化。近年来，成都的交通、通信、房地产和旅游业的发展更是突飞猛进，其正在成为中国西部的商贸、科技、金融中心和交通、通讯枢纽。

成都的发展和现代化进程，引起了国内外广泛的关注，也获得了不少殊荣，很多分析均认为它是中国西部发展最快和最具竞争力的城市。成都不但因其悠久的历史文化而首批成为"全国历史文化名城"，因其完善优美的园林绿地系统而成为"国家级园林城市"，因其丰富的旅游资源和优质的旅游服务而成为"全国最佳旅游城市"，而且还获得了联合国颁发的"人居奖"、"地方首创奖"、"最佳水岸设计奖"和"国际舍斯河流奖"。这些成绩说明了成都既保持传统，又与时俱进，而且巧妙地把历史文化、人居环境和城市的经济发展有机结合，相互协调。所以在现代城市背景下，它依然具备城市休闲生活的优越条件和环境。近年来成都围绕丰富休闲生活，发展休闲产业，接连推出了"锦里"、"文殊坊"、"芙蓉古城"、"天下耍都"、"宽窄巷子"、"国色天乡"等一系列旅游项目和休闲景点；开辟了洛带古镇、黄龙溪、红砂村、三圣花乡等乡村休闲景区；建成了浣花溪公园、两河森林公园、青羊绿舟公园、北湖风景区。众多原有的城市公园，构成了成都巨大的公共休闲空间体系。而环境幽美的府河、南河及沙河两岸，更已形成城市的休闲长廊。成都是座传统与时尚有机结合的休闲城市，现代休闲娱乐形式与场所遍布城市的各个地方与角落，许多国内外知名的餐饮、休闲品牌也已进入成都的休闲市场。

而今，成都的休闲生活更加多彩，休闲方式也在不断创新。无论传统与现代，均毋庸置疑地说明，成都的确是当之无愧的休闲之都，而且也将是永远的休闲家园。

参考文献

[1]成都市城市科学研究会. 名城成都的保护与发展，1987.12

[2]高文，王锦生. 中国巴蜀汉代画像砖大全，2002.9

[3]成都市建设委员会，成都市城市科学研究会. 成都城市特色的塑造，2006.2

作者单位：西南交通大学建筑学院

可游亦可居
——客居成都的城市空间杂感

Tourist and Livable - Reflections on Urban Spaces By An Sojourner

余翰寒 *Yu Wohan*

[摘要]笔者从一个居住在成都7年的外省人的角度，解读成都作为旅游和宜居城市，其雅俗共存的城市文化和轻松休闲的生活方式。同时，从建筑师的观察角度分析了成都"可游亦可居"的城市空间属性，并简单介绍了自己在建筑设计中的实践。

[关键词]成都、城市空间、休闲、安居

Abstract: *From the perspective of a stranger who has lived in Chengdu for 7 years, the author tries to understand the urban culture and leisurely lifestyle as a tourist city and a livable city. As an architect, the author also has analyzed the "tourist and livable" urban space characters. The author's practice in architectural design is also introduced.*

Keywords: *Chengdu, urban space, leisure, residing*

"休闲而巴适"，人们常常这样来形容成都人的生活。

"休闲"已经成为当代城市生活用语中的常用词，指的是工作之余以各种轻松、愉快的方式在身体和精神两方面进行调节、放松的生活方式。"巴适"则是个方言词汇，在川渝地区广泛使用，有"好"、"舒坦"、"幸福"等意，只有在方言语境里才能玩味出其微妙之处。成都话里还有个念起来成味更足的"安逸"一词，"安闲舒逸"的意思，或许可以涵盖"休闲"、"巴适"二词之义。

我是外省人，在成都居住了七年，于此"咬文嚼字"未免有"班门弄斧"、"隔靴搔痒"之嫌。回到建筑师的观察角度，所谓"休闲而巴适"的"安逸"生活，就是在"可游亦可居"的城市空间中自然而然衍生出的一种栖居方式："休闲"状态的嬉游，"巴适"感觉的居住，或者

说是"安居而逸游"。成都是座旅游城市——"可游"，又是宜居城市——"可居"，"可游亦可居"是我对成都的城市空间属性的一个形象说法。《雅典宪章》提出的城市四大功能是居住、工作、游息(游憩)和交通，如果把行为模式较为静态的前两者概括为"居"、较为动态的后两者概括为"游"，那么"游"、"居"就是城市空间属性根据动静关系粗略划分的两大基本类别，"可游"、"可居"是"游"、"居"状态良好时的评价，"可游亦可居"则是"游"和"居"的相互交融，居中有游，游中有居。这符合后来发展了的城市规划理论要求——《马丘比丘宪章》认为过于清晰的分区会牺牲城市的有机构成，提倡创造综合的多功能环境。

"可游可居"是中国传统山水画创作和评价时的一项重要原则，北宋名家郭熙在《林泉高致》里说："可行可望，不如可居可游之为得。" 受绘画艺术影响，中国传统建筑特别是园林建筑也以"可游可居"作为一项重要的建造准则。这个准则也反映了中国传统艺术将审美寓于日常实用之中的美学趣味倾向。

在《南方周末》的一次访谈中，定居于成都的四川作家阿来对成都的"宜居"批评为"只是停留在温饱层面"，而推崇城市文化更为精致的杭州[1]。我个人认为成都的城市文化实际上是"雅俗共存"、"寓雅于俗"，成都人的精神文化内涵建立于较为世俗的现世文化之中。我对成都的初步印象建立在八年前旁听"首届中青年建筑师论坛"期间。记得第一天的会上有几个外地建筑师问起成都哪个场所最能表现本地人的生活和精神，作为东道主的刘家琨建议大家去文殊院看看。在香火旺盛的文殊院里，市民们喝茶牌戏，其乐融融，我在院里的一个餐馆里居然还吃到了真正的猪肉排骨。这是我对成都精神、世俗交融的生活场景的第一次领略(图1)。

1. 游居交融的成都文殊院
2. 游居相望的成都望江楼公园
3. 游居互换的成都宽窄巷子
4. 游寓于居的成都三圣乡农家乐景区

　　相应地，说起杭州的寺院，自然会想到在虎跑寺出家的弘一法师。他的俗家弟子丰子恺据此提出人生的三个层次：物质生活——衣食，精神生活——学术文艺，灵魂生活——宗教。弘一法师的人生轨迹"由艺术升华到宗教"，这份宗教情怀在中国人特别是汉族人中是比较少有的。汉宝德认为缺少宗教意识的中国人具有一种现世主义的包容态度，因而发展出一种具有高度流动性的、雅俗共赏的文化，成熟于明代中叶之后，而崇尚雅乐、律诗的贵族文化时代随之消逝[2]。林语堂的名著《吾国吾民》描述了中国人喝茶聊天的生活方式，进而提出中国人精神生活层面中"艺术和人生合而为一"的观念[3]。如果用成都人的日常生活场景作为林语堂的这段描述和结论的具体例证，我想会更为形象生动。

　　同样是旅游城市，也同样是"宜居"城市，成都和杭州都可以说是"可游可居"，一个被誉为"天府"，一个被称为"天堂"。我没有能力来做"天府"、"天堂"的比较评说，但在感性层面上认为成都"可游"、"可居"的双重性格更为融合。杭州的西湖水面开阔，风光旖旎，中外闻名，但作为旅游景区和休闲场所与市民的日常居住生活区域有一定的分离。成都的府南河水面狭窄，景色平淡，在综合整治之前甚至曾经被外地人讥笑为"臭水沟"，但却紧密地溶入了市民的居住生活之中。例如位于成都市区东南角的望江楼，隔府南河相对即为稠密的居民区，望江楼附带的公园沿河展开，成为了居民休闲游息的好去处。成都的城市空间里有着大大小小的类似公共交流场所，将"游"和"居"更紧密地结合起来，可以称得上是"可游亦可居"（图2）。

　　"游"，包括游息、交通两方面。成都在游息方面的"休闲"状态有目共睹，而在交通方面，城市的迅速扩张、出行方式和道路体系的变更，以及私家车数量不加限制的增长，这些现象并不令人感到"巴适"。在这一点上，我赞同阿来的批评："从成都现在的整体布局和建设看，并不太像一个休闲城市，基本上还是按照大部分城市的道路发展，首要关心的还是经济发展……归根结底，城市定位是必须首先考虑的。"[4]汽车尾气以及单纯为经济发展所进行的建设生产所造成的各种污染，不仅仅影响"可游"，也威胁着"可居"。

　　《南方周末》对阿来的这篇访谈发表于2003年，一年之后，由电视、广播、网络、报刊等多种媒体推出了一场关于"成都还像成都吗"的论战，汇聚了作家、官员、建筑师、学者和众多网友，因而更为引人关注。当时，台湾作家龙应台应邀第一次来成都，面对成都的发展建设，发出了"成都还像成都吗"的质疑[5]。刘家琨则站在本土建筑师的立场，以"不是仅仅关注几处美学假相"的说法作为回应[6]。这些充满争议的"美学假相"的焦点场所，在我看来也可以用"游"和"居"的关系来评价得失。

　　现在被称为成都"城市名片"的宽窄巷子，以前以"居"为主，也有不少本地人和外地、境外游客来这里喝茶、吃饭、住宿。游于此，能体会到成都人较为传统的生活气息。宽窄巷子经过这几年的拆迁改造后，成为了类似上海"新天地"的景区，以"游"为主。最近我因为聚会或陪人参观去过几次，巷子里的场景可谓旧貌新颜，路边的茶客和路上的游客犹如演员和观众，双方在舞台布景化空间里的互动显得矫情，没有往昔的自在，原有的"可游亦可居"的和谐平衡关系遭到干扰而发生改变。我个人认为"新天地"的做法出现在上海这类城市尚有可圈可点之处，但在"休闲而巴适"、"安居而逸游"的成都，原有生活街区只有在延续"可游亦可居"的空间氛围的前提下进行改造，才能作为真正的"城市名片"来展现成都的过去、当下和未来（图3）。

成都近郊这几年发展了不少"农家乐"休闲度假景区，其中"五朵金花"最为出名[7]。在这些景区的建设发展过程中，"游"的引入建立在原有"居"的延续的基础之上，"可游亦可居"的传统在这些区域因而得到较好的传承。城市中心旧区改造往往受到较多人为因素强制作用，而这些"农家乐"的兴起、发展较为自发，也更具"草根"和"山寨"精神，或许这就是二者游居关系有着较大差别的原因所在（图4）。

作为建筑师，我对成都"可游亦可居"的城市空间属性的长期关注更多地表达在多个主题系列的建筑设计案例之中。宏观意义的城市空间属性在较为微观尺度的建筑设计领域的展现，是我在探索成都地域风格现代建筑语言规律的过程中采取的首要策略。

"可游亦可居"的城市空间属性，在成都新建的居住建筑中以屋顶花园为突出表现形式，这归因于成都温和的气候条件和市民闲适的生活方式。我在自宅屋顶花园的设计和建造（2005～2008）过程中，将系列纸上方案中的各个主题和手法进行了实验性运用（图5～6）。中国传统建筑体系里，居所与后花园在功能、空间、精神各层面上，形成"居"与"游"、轻与重、正格与变格[8]、现世与出世的对比。我在设计自宅"后花园"时运用的是现代语言和词汇，所得到的空间氛围却回归到比较个人趣味的传统文人隐世意境（图7）。居所和花园内外各处空间表现出的"居"与"游"性质并不总是容易确定界限，它们呈现为各个建筑场景，因人的活动而串联成整体。我习惯借用音乐艺术里"主导动机"这一术语来描述时空串联的设计线索，在这个案例中具体运用了"基本围合/装饰背景双重墙体"和"漫步空间"两个主导动机，若即若离而又贯穿始终[9]（图8）。

城市宏观尺度意义的居住、工作、游息、交通四项功能要素被浓缩在这座居所及其"后花园"中，分区明确却又复合混杂，表现出一定的LOFT类型的空间意味，又具有成都气候条件下室外空间较丰富的优势。因此我借鉴了中国传统的庭院布局和"借景"一类的空间构成手法，尽可能地将景观引入建筑内部，以达到在方寸之地增加空间层次的目的。这一点最早体现在负责上下层竖向连通的楼梯间处：站在楼下走廊通过高窗正好能看到屋顶花园里的竹丛，喻示"衣食"物质生活之上的"学术文艺"精神生活层面（图9）。其余几处的门窗也同样起着"景框"的作用，花园各部分景观被框选为一幅幅诗意图画，对应着居所内各个活动场所：游走——竹；进出花园——葡萄、石榴、鱼池；读书、设计、听音乐——海棠、桂花；洗手——桃、李、樱桃、油菜花。

自宅连同屋顶花园的空间构成表达了我对成都居住生活方式的理解，也形成了一个业余状态进行建筑设计以及相关工作的空间场所。在这个场所的营造过程中，审美寓于日常实用这一原则是贯穿始终的建造准则，"可游亦可居"的城市空间属性以一种诗意化的游戏形式得以体验（图10～14）。

注释
1. 师欣.［成都·阿来］成都消费成都？. 南方周末, 2003.1.29
2. 汉宝德著. 中国建筑文化讲座. 生活·读书·新知三联书店, 2006.1. 第一版. 207
3. 同2.211
4. 同1

5.6.自宅屋顶花园材料对比组合
7.自宅屋顶花园生活场景

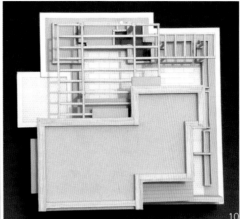
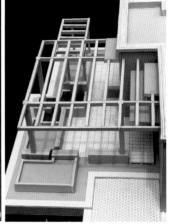

8
9
10

8.自宅居所通向屋顶花园的漫步空间
9.楼梯间
10.11.自宅屋顶花园工作模型

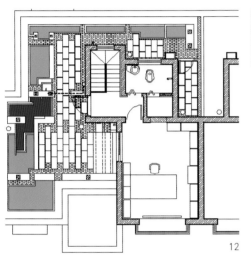

12
走廊13
14

12.自宅屋顶花园平面
13.走廊
14.自宅工作室与花园形成游与居的对比

5.龙应台.成都还像成都吗?.南方周末,2004.4.15

6.刘家琨.关于"问城记—成都"的补白.ABBS建筑论坛: http://www.abbs.com.cn/report/read.php?cate=1&recid=9507, 2004.6.10

7.五朵金花指成都东郊三圣乡的五个相邻而各有主题的乡村旅游风景区:花乡农居、幸福梅林、江家菜地、东篱菊园、荷塘月色。

8."正格"与"变格"的概念来自缪朴著《传统的本质——中国建筑的十三个特点》,载《建筑师》第36、40期,中国建筑工业出版社1989年12月、1991年3月第一版。

9.动机是音乐语汇的短小构成,主导动机是贯穿整部音乐作品的动机。俄国作曲家穆索尔斯基(Modest Petrovitch Mussorgsky)的组曲《图画展览会》用十首小品描绘图画,并用主导动机——"漫步"主题

间奏其间将各部分串联为整体。

参考文献

[1]汉宝德.中国建筑文化讲座.生活·读书·新知三联书店,2006.1.第一版

[2]刘家琨.此时此地.中国建筑工业出版社,2002.9.第一版

作者单位:四川大学建筑与环境学院

巴适理念孕育的建筑

Architecture with Ba-Shi Spirit

邵　松　谈一评 *Shao Song and Tan Yiping*

[摘要]笔者以成都茶馆为切入点，通过对传统茶馆、农家乐的场所体验，感悟成都的风土文化特点，以及茶馆精神所孕育的川人的生活理念和浸入骨髓的悠闲淡定。立根于巴适，成都的独特的历史和文化传承至今，为建筑设计的创新提供了丰富营养和多种可能。

[关键词]成都、居住文化、农家乐、建筑设计

Abstract: *Taking teahouse in Chengdu as example, by experiences from traditional teahouses and rural family restaurants, the article tries to understand the leisurely lifestyle of Sichuan people. Based on Ba-Shi, the unique history and culture of Chengdu have been carried for centuries, which provide rich inspirations and possibilites for architectural creation.*

Keywords: *Chengdu, residential culture, rural family restaurant, architectural design*

讨论成都居住文化的传承，对其住居及城市、建筑进行思考，我总是摆脱不了成都茶馆的牵绊，因泡茶馆这一生活方式反映的是成都人的生活理念。若以一个词对成都人生活理念的浪漫和客观物化形态加以概括，再也没有比"巴适"更为贴切了。虽然其通常概括的只是一种生活方式，一种生活状态，但回归到场所、建筑、器物等等，却表达了从形式到内容的自由，这种自由反映到建筑上的和谐共融，一直萦绕于心，使我难以释怀。印象中的成都，在朴素、宁静、祥和、市俗的风景中交织着强有力的亲切感，令人十分向往。说起来，我既不是成都的住民，也不算旅行者之类的过客，20多年来由于工作和家庭的原因，每年都要去成都几次，短则逗留几天，长则半月、一月，3年前还在成都住了一年多。本人不善饮茶，更谈不上嗜好，却极愿意一有机会就去茶馆坐坐。近年来兴起的农家乐可算是传统茶馆的发展，更朴素、更亲和，也更具有市井情趣，和传统茶馆一样追寻生活方式的巴适，我将之归结为传统茶馆精神的延续。和传统茶馆一样，在这一特定的功能场所中充满了形形色色的事件，几乎每次都令我有新的发现和感悟。此外，它与建筑文化亦有着千丝万缕的关联。

一、风土文化的形态片段

成都的风土文化在形态上表现为不闭关、不排外的要素中包含了复杂多样和兼容性。巴蜀的自然和文化充满了小趣味：吊脚楼、穿斗木屋、小青瓦、石板路(图1~2)；清澈的水面旁种植着并不名贵的柳树，随风摇曳；房前屋后的麻将桌，或坐或躺在藤椅上晒太阳的老人及脚边席地而卧，似乎永远都是半睡半醒的老狗，显示了巴蜀人家对自然的崇尚和敬畏。传统茶馆中的行行色色，强有力地表现了成都的风土文化，不论是建筑、家具、用品，还是其中人的行为方式，都充满了和谐、趣味和惬意。教堂、道观、禅院，茶馆、咖啡厅、KTV，以及本属于北方语系的四川话，印证了成都人海纳百川的从容气度和浸入骨髓的

1.峨嵋民居穿斗木结构建筑
2.洛带古镇
3.土鸡
4.农家乐
5.茶馆

悠闲淡定，以及对外来文化、外来人的亲和与接纳。

对于喜欢摆龙门阵、"冲壳子"的成都人，传统茶馆历来都是一个好去处。其中既有市井百态，又可交朋友谈生意，可以说是一幅绝妙的人生浮世绘（图5）。在这里搓麻将、打长牌、修脚、按摩、掏耳朵；吃火锅、豆花、烧烤、麻辣烫、串串香；听川剧、谐剧、打围鼓（川剧玩友坐唱的俗称），既有传统段子，又随时推陈出新。在中国的其他地方，黄梅戏、粤剧的曲高和寡，使其只能进入高雅艺术殿堂，就连国粹京剧也沦为了少数人的艺术。在成都，传统戏剧的命运却大不相同。其貌不扬又不化妆的"说书人"李伯清凭其巧舌如簧而大受欢迎，拥有众多的"粉丝"，发展光大了谐剧艺术；更有新人创造了川语的RAP，在各个茶馆、公园中以花巧的语言给人带来了极大的快乐；就连川剧的精华——"变脸"也越来越市井化，在茶前饭后，七、八岁的小演员都会给您表演佐餐。与其将高雅艺术束之高阁，成为小众的独享，倒不如使其走向大众，走向市井更令人快意而实惠。对比同时期的其他城市夜总会、迪厅、酒吧、雪茄、钢管舞、摇头丸的诱惑，以及西化的物质生活把效率、金钱、竞争、消费、发泄等等观念植入人们的行为准则中，茶馆文化、农家乐似乎更健康，更合乎人性。"巴适"理念、茶馆精神孕育了川人不那么功利的性格，他们不以世俗成功为核心的人生目标，而以"巴适"快意人生。

二、农家乐的寻找

成都是一个生活很惬意的地方，自三国起即有天府之国的称谓。"水旱从人，不知饥馑"，两千年来为人津津乐道。用当今流行的话来说，成都人幸福感的指数很高，但却从来都说不上绝对的富庶，特别是改革开放30年来，其偏居西域又不临海，经济发展始终都比东部慢半拍。这种幸福与满足感从何而来，是令人颇费思量的。当然成都人在与时俱进，接纳外来文明的同时，仍然固守着自己的好恶。遗憾的是一部分新茶馆越来越奢华与西化令传统茶馆的核心精神越来越少，远离了市井和百姓。但成都人依旧崇尚自然，渴望摆脱都市的喧嚣，更多地呼吸到新鲜的空气。到郊外去吃点农家自种不打农药的瓜果、蔬菜和土鸡土鸭（图3），用山泉水泡一杯毛尖或竹叶青，润了肺、爽了心、提了神，由此发展而产生了一个集居住和高度民主商业化为一体的场所——农家乐（图4）。

农家乐之所以最早发源于成都并广为流行，与其风土、居住、休闲理念与传统茶馆精神是密不可分的。逃离工业文明，寻找一种没有经过多人为修饰的大自然，与土地、草木、野鸟交谈并悠闲地度过时光，尽情享受太阳和风，这一切与都市的健身房、餐馆酒楼、歌舞厅、夜总会相比，重心不是物质而是精神，在此放飞心灵具有了更大的意义。将人置于风景中，令身体成为风景的一部分，眺望天空、溪水、树木、岩石、晒太阳、感受风、享受雨、倾听鸟语和蛙鸣，心灵被引向自然，灵魂也得到净化。

由于现代技术手段的推动，位居闹市，装潢精美、设施先进的高档茶楼能够创造出充满更多流行元素、更舒适、更具有经济意义的东西。从人的本性来说，对其固然喜爱，但与之相随的是文化的地域性日趋减少。而相较而言，位于乡野，质朴率真的农家乐(图6)则很了不起。需要放飞心情时，涉足郊外，享受农家乐趣，岂不快哉？

三、设计的追寻

地方独特的历史和文化传承至现代，在日常生活中承载的大量民俗、习惯和仪式，均可作为建筑创新的营养。固有基因的丧失会带来文化的变质，因此我们希望能保留一些民族根本的东西。自然景观也是我们的文化母体，在全球资源枯竭、能源拮据之际，绿色和环保成为了时代的主旋律。回归自然、使用环保物料、选择健康和可持续的生活方式等各类绿色行动迅速蔓延，以现代、时尚为主导的表达方式正在被丰富多彩、无穷无尽的自然主义语言所突破。寻求与花草、树木、动物等自然生灵的和谐，力求在精致化的生活及延续草根文化之间构建新的形态和空间(图7~9)。而对于历史的理解和尊重，传统形式和地方材料永远是一个地域最具有活力的要素，技术多样性进步的表现可以令建筑自身退隐，从属于大地环境。金沙遗址博物馆就充分表现了对历史和环境的敬畏，毫不张扬、大隐于市(图10~11)，留下的是尽量多的树林、草地和形似山丘形的建筑。这一切与"巴适"理念是那样的密不可分。

成都人的"巴适"，既是一种生活方式，也是一种生活状态，表达了从形式到内容的自由，这一点从川人茶馆的长嘴大茶壶便可以得到印证(图12)。这种自由，反映到茶馆建筑上既有别于民居的功能主导，园林的高雅纯净，更不拘泥于官式建筑的布局、构造等章法。不论是内部和外部的表达，形式和内容的展延，均与固有的时代性及民生达成高度的和谐共融。这种和谐共融存在于巴适，发展于巴适，使建筑立根于巴适。巴适理念已升华为一种精神，融于茶馆建筑，更融于人的骨髓之中。设计强调过去、现在、未来在时间上的连续性，当建筑、空间、场所等物化形态记录了可触摸时间的消逝并保留记忆时，其相对的永恒性就促使其成为一个有意义的场所。建筑创作的目标是创新，展现存在的自豪，记录人类思想总在不断发展，不定形、有活力、非静态，这也许是农家乐的存在基础。传统茶馆、农家乐的核心精神像一部民俗文化教科书，提供了令人着迷的体验场所，展示着具有不同诠释的故事，好似熙攘中酝酿一坛美酒，寂寥中唤醒一曲天籁，动荡中似乎自有一种内在的力量涌向并不遥远的天光。观察茶馆、农家乐，可以显而易见其形式上的特点，从茶客、食客们行为方

6.农家乐
7~9.金沙元年餐厅
10.11.金沙遗址博物馆
12.长嘴茶壶斟茶表演

13~15.宽窄巷子

式的表象到意识形态上的精神，均可以文字的方式慢慢地加以疏理，却很难勾画出对建筑影响的相对应模块，其时间上线型发展路径也难以明晰。

老成都的宽、窄巷子(图13)有点像北京的胡同，却更加开放、更有趣味，同样充满了市井、巴适的故事。随着城市的发展，高楼大厦逐渐将其包裹，使其日显破旧。近年来的整改修复使其封闭和杂乱的形态得以改观，融入了城市活力，且基本保留了空间特征和历史符号，使城市的脉络得以延续发展。但建筑整理的精致化和对经济利益的过度追求，改变了已延续数百年的原有生活方式，使其形态变得徒有其表，缺少了巴适的意义，成为向观光客和旅游者派发的一张名片(图14~15)。同样的例子在云南的丽江、江苏的周庄、上海的新天地也似曾相识。 时代的进步和生活的复杂化、经济利益的最大化永远都不会停下脚步，老房子改变新功能也无可厚非，但生活方式更为人性化，设计对地域文化的追寻显得尤为重要。当人们还对"千年病毒"让生活在全球化社会中越来越倚重网络的当代人产生无处逃逸的恐惧记忆犹新时，向往日出而作、日落而归的传统生活方式，也是让其脆弱的心智去尝试多元化的一种选择。在设计中追寻这种精神，便要融入作为地域性表象的基础景观、地方材料、植物和地方传统技法，使

其地方差异化的场所感更明确。生活的精致化和经济的发展，自然会推动设计的进步，但杂树林、野草丛的可爱不能丢，否则大面积修剪整齐的台湾草固然好看，但时间长了其单调的形态也会让人厌倦。

四、结语

居住空间和公共空间的良好平衡，可以保证城市的可持续发展。农家乐在承袭传统茶馆精神的基础上创造了一种新的空间模式，这种模式为人提供了充满乐趣的一系列场所，延续了"巴适"理念，孕育了新的建筑。既满足了各方的经济利益，又打破了沉闷的生活，可持续地发展了地方风土文化。在这里可能产生各种事件，给人的生活提供多种可能性，其成为了一个定时向城市开放的社会装置。这便是对我的启迪，也许也应该是设计的追寻吧！

*注：图1、2、8、9、10、11、12、13、14、15为作者摄影；图3、4、5、6、7为网络下载图片

作者单位：邵　松，华南理工大学建筑学院
谈一评，广东工业大学建设学院

西班牙社会住宅

Social Housing in Spain

一、西班牙社会住宅体系概述

西班牙的住宅市场明显倾向于个人产权式住房。但目前保护性住宅(protected housing)的建设量正在不断增加，新近建成的一些住宅还以降低贷款利率的方式对购房者进行补贴。

所谓的保护性住宅是在许多方面，如房价、产权、购房优惠政策等方面都加以限定的社会性保障住宅，即所谓的政府保护性住宅(VPO)和近来的公共保护性住宅(VPP)。在一些自治区，还有其他类似性质的住房形式出现。目前，每年受VPO资金补助的住宅达到100,000套。这些住宅受到相关机构的严格控制及价格的限制，并保证其社会性住宅的性质维持30年。

只要符合相关法律法规的标准，各州政府、区政府、国家企业、私营企业、社会团体、非赢利性机构以及商业开发团队都有资格开发建设保护性住宅。此外，尚有约200,000家社会团体提供社会性住宅的租赁，且其所有产权性质也根据各自治州的情况而不同。目前，大多数地区为年轻人提供小产权住房项目，并且可以在7～10年之后再选择进行购买。合作集资建房不仅可以在商品房市场中使用，在保护性住宅的建造过程中也同样适用。而且合作集资建房也提供少量的出租房。目前保护性住宅约占西班牙住宅总量的12%。

二、市场走向

目前西班牙的住宅建设迅猛增长。然而，在2006年，已登记的住宅销售量却比往年下降了7%。其中新房的销售量下降12.4%，而二手房则下降了5%。来自国外的住房投资也已经连续三年回落，下降了约11%。这说明商品房的消费市场已经开始下滑，而保护性住宅的建设量则预计会持续增长。

自上世纪90年代起，商品房的价格已渐渐开始被居民所接受，因此政府逐渐减少了社会性住宅的营造项目，保护性住宅的开发量也随之减少。然而，随着住宅房价的逐步走高，公众对商品房的购买力逐渐减弱，许多人包括中产阶级家庭也无力支付过高的房价，因此对经济型住宅的需求又再度增长起来。这曾经成为整个国家面对的主要问题。自1998年到2006年，西班牙全国的房价平均增长了183.2%，而巴利阿里、慕希尔、安达路西亚以及瓦伦西亚这四个区域内的房价增长都超过了200%。1999年，购买住房的开销约占家庭收入的25.3%。而就目前普遍看来，由于过高的房价和银行贷款利率(现阶段为4.09%)，支付住房的费用占到家庭平均年收入的46.6%(25年期贷款)或53.3%(20年期贷款)，而购买保护性住宅的花费也占购房者收入的19%～35%不等。合作集资建房体系也因建设土地价格和建造成本的增长而不堪重负(自2000年至2006年间增长了28%)。结果，其建设量由1994年的35,000套降至2003年的21,900套，但是后来又再度有所上升，2004年达到32,000套。最近，合作集资建房组织也准备开始建造更多的保护性合建项目。因而目前西班牙对保护性住宅的高需求导致了大量房地产企业的形成。

三、政策发展

2005年～2008年的住房计划促成了住宅建设的大量增长，从而使民众获得了更好的居住条件：政府现阶段的目标就是充分增加VPO资助的住房总量，使其达到180,000套，从而使低收入家庭获得更加经济舒适的居住条件。这一计划需要各个方面的配合和资助，包括采用新型建造施工方法、对现有住宅存量进行重新统计整合，租用个人产权的空置房等。此外，各地政府也开始从地方财政拨款，纷纷加入全国性的住宅计划。房地产开发主要靠财政刺激，也就是说对购房者进行免税。相关的财政政策在不断进行改良：从过去不加选择地对所有人群(包括高收入家庭)的资助，过渡到根据不同情况对购房者进行不同程度的税率优惠，而且只对自住性住房进行优惠。

为了平衡住宅的销售和出租的数量比，国家推出特惠的财政制度，让那些主要业务为建造和管理住房的公司进行住宅出租。住宅计划的目标人群范围总是相当广泛，因此政府制定不同的政策以便对不同家庭收入的人群实施不同的政策。

因为一些中产阶级家庭以前购买的住宅已经不能满足现在的需求，因此新的住宅计划将这一类改善型住宅也纳入政策范围，从而拓宽了政策的受众面，使得高于最低收入6.5倍以内的人群均可享受现有的优惠政策。所以，现在被纳入能够购买"经济型保障住房"的人群也包括将购买VPO资助的高价住宅的高收入人群。住宅计划还预见了各地政府对保护性住宅的财政拨款的增长。2007年，政府的财政拨款达到了12.34亿欧元，比2006年增加了14.4%，而2009年的预算进一步上升到了15.96亿欧元。各级地方政府对社会性住宅的拨款也在逐年增加。

此外，城市规划的相关法规还要求新城的开发需要拿出至少30%的土地用作建造保护性住宅。这一最低比例的规定已经写入了新的国家土地法预案，现在正在议会的讨论当中。

西班牙当代社会住宅设计
——世界社会性住宅设计中的一支奇葩

Contemporary Social Housing Design in Spain
A Unique Practice

范肃宁 *Fan Suning*

1.Mirador住宅，MVRDV设计，马德里
2.卡拉班切尔16号住宅，FOA设计，马德里

　　如果你想在马德里体验国际建筑大师的作品，那么你有两种选择：既可以找一家由扎哈·哈迪德（Zaha Hadid）、诺曼·福斯特（Norman Foster）、矶崎新（Arata Isozaki）、让·努维尔（Jean Nouvel）或者是大卫·切波菲尔德（David Chipperfield）设计的豪华酒店住上一晚，也可以去政府住房保障署投资建造的社会性住宅中寻找一番。你会惊讶地发现其中有矶崎新或是大卫·切波菲尔德的大作，更不用说汤姆·梅恩（Thom Mayne）、MVRDV、FOA（Foreign Office Architects）、莱卡多·莱格瑞塔（Ricardo Legorreta）等国际重量级建筑大师的。

　　目前，西班牙的住宅建设正快速发展，政府相关机构估计2007年约有900,000套公寓建成——几乎与该年欧洲其他国家的住宅建设总量相当。一部分原因是国外移民的急速增长，一部分则是房地产投机炒作涌现一股狂潮，但是大部分的私购住房和公寓的设计仍然很普通，施工质量也不高。近年来，马德里在低造价住宅方面取得了巨大成就，这对整个欧洲乃至全世界都具有重要的意义和价值。因为在这些年中，它有计划地建造了许多高品质的低收入社会住宅，并委托来自西班牙和其他国家的优秀建筑师进行创作。国外的建筑师包括彼得·考克（peter cook）、大卫·切波菲尔德（David Chipperfield）、伊东丰雄（toyo ito）和MVRDV等等。

　　说起西班牙的低收入社会住宅，就不得不提到E.M.V.S.。E.M.V.S.为西班牙语Empresa Municipal vivienday suelo的缩写，它是西班牙国家政府机构，即国家住宅保障署，主管低收入住宅的开发和运营。2008年在意大利都灵举办的国际建协第23届世界建筑师大会上，西班牙城市马德里举办了在过去25年中建造的住宅建筑展，

该展览就由E.M.V.S.承办。E.M.V.S.还是一些欧洲重要的住宅研究团体和项目的领导者和组织者。比如它成立了一个30多位建筑师组成的委员会来担任马德里城市规划顾问。位于卡拉班切尔的社会住宅则是E.M.V.S.在该地区开发的27个社会住宅项目之一。这些社会住宅散布于商业开发区之间，均由来自西班牙或者世界各地的青年建筑师进行设计。E.M.V.S.承建的项目投资被限制在600欧元/m²之内，建成后的公寓则由政府以市场价的三分之一进行出租或出售。

　　大师级的建筑作品在西班牙已经越来越普遍了，最知名的莫过于弗兰克·盖瑞的毕尔巴鄂博物馆。马德里也不例外，包括热议中的普利茨克建筑奖得主理查德·罗杰斯（Richard Rogers）的飞机场，正在建造中的诺曼·福斯特和贝聿铭的超高层。但是国家住宅保障署E.M.V.S.的实践则完全不同。它不是请"明星建筑师"来创造城市的装饰品，而是委托他们与当地建筑师一起完成位于城郊的低造价住宅。

　　目前，近20个项目已经或者接近完成，其设计团队最远来自哥伦比亚、意大利、智利、瑞典、日本和荷兰等国家。还有四位来自英国：即大卫·切波菲尔德（David Chipperfield）、夏伯德·罗布森（Sheppard Robson）、FOA（Foreign Office Architects），以及彼得·考克（peter cook）和嘉文·罗伯特海曼（Gavin Robotham）。然而，E.M.V.S.的负责人莫尔说："他们的评判标准是根据其设计品质而非名气。"一些建筑师在住宅设计方面经验老道，但还有许多建筑师自此之前从没有设计过低造价住宅，甚至从没有接到过业主在这方面的项目咨询。"他们

3. 维拉韦德住宅，大卫·切波菲尔德设计，马德里

4. 灰蓝社会住宅，彼得·考克设计，马德里

5. 卡拉班切尔盒子住宅，dosmasuno建筑事务所设计，马德里

并没有因为名气大就能获得特权"莫尔说，"他们必需严格按照同样的预算，设计规定的同样大小的公寓，满足所有建筑师都必须满足的规范，并且设计费也与其他建筑师一样。"

尽管如此，但最终结果仍然出现了许多无与伦比的设计作品。荷兰前卫建筑师事务所MVRDV在城市的西北区竖立起一栋地标建筑：一个22层的巨大塔楼体量，中间开着一个大洞。他们的设计方法是将不同的公寓户型区分开来——从一居室到跃层户型——形成单独且不连续的块，每个块都在立面上具有不同灰度的色彩。然后用鲜艳的橘红色走廊将它们连接起来，位于12层的"大洞"则是空中花园（图1）。

FOA（Foreign Office Architects）设计了一个方方正正的5层高的盒子体量，周边围绕着木制廊道，然后用竹百叶将整个建筑罩起来，每间公寓都能够打开或关闭百叶（图2）。大卫·切波菲尔德也完成了一个U型体量的建筑体，且外表面微微倾斜，因此颇具雕塑感（图3）。而彼得·考克则在马德里的委拉斯凯兹（Vallecas）设计了一栋长条形布满斑点的灰蓝色建筑（图4）。这栋9层高的建筑底层架空，"这个想法可以为在底层设置报刊亭或杂货摊提供空间，还可以成为孩子们的活动场"，设计师说。但其中最前卫的当属矶崎新的那一簇尖角型的建筑，以及摩福西斯建筑事务所（Morphosis）的汤姆·梅恩（Thom Mayne）塑造的新城市肌理：一个高层和低层体量相结合而形成的混凝土格子林（图6）。

毫无疑问这些设计非常吸引眼球，但是也让人有些困惑。比如说，在矶崎新设计的尖锥房间中床应该放在哪里？但这些建筑绝不是绣花枕头，莫尔说，"住宅应具有功能，与周边环境的关系都是这些建筑设计时深思熟虑的。而且可持续性和能源的节约方面也都有相应的设计。"

也许最具有说服力的就是由英国大牌建筑师夏伯德·罗布森与本土小事务所合作，刚刚建成的卡拉班切尔盒子住宅群。它位于马德里西南区，由围合3个花园的6层高的建筑体构成，所有建筑体外表均为白色涂料或铝丝网（图5）。"太阳能烟囱"利用太阳热能吸入冷空气，而太阳能板则在冷却水进入热交换器之前将其预热。白色的铝丝网可以有效地保护建筑，使其免受风吹日晒，并且还带给建筑独特的外观。第一眼看到它你绝不会认为这是栋低造价住宅。规模为133套的公寓造价仅为600万欧元，因此它没有昂贵的饰面和构件。

"与当地设计师的合作也能够拉近不同国籍的建筑师之间的巨大的文化差别"，莫尔说。例如，荷兰人认为在浴室和卧室之间安装透明的玻璃隔断并没有什么，但他

6

会被委婉地告知这对西班牙人敏感的神经来说的确太前卫
了。马德里的建筑实践并不鼓励设计师们表达自己的民族
风格,因为这不是世博会。也许可以像像莱卡多·莱格瑞塔
一样在作品中出现一些墨西哥的元素,例如鲜艳的红色、
橘色、浅蓝色或褐色,但这应该更多地被看做是建筑师的
个人标签而并非国家特色。可是请注意,就有人爬上建筑
在上面胡乱涂鸦——这也许并不是莱格瑞塔所期望的。

马德里的实践充分证明了规模化建造的普通住宅也
具有多样性变化的可能性,而且完全可以成为城市里一
道靓丽的风景线,尤其对卡拉班切尔这样崭新的城市
来说,它所起的作用就更加明显了。Sheppard Robson,
Foreign Office, Morphosis, Chile's Jose Cruz 和瑞典的
Ahlqvist and Almqvist所做的设计方案主要集中在几个区
域,旁边与其他新项目比邻,其中既有私购住宅,也有
社会性住宅。事实上,国外背景的建筑师设计的项目在
E.M.V.S.的新社会住宅项目中所占的比例不到10%,其
余90%的项目都是由国内的本土建筑师完成的,但也同样
精彩。

这些建筑形成的新居住区形成了一种全世界都少有的
氛围。值得注意的是马德里的一些私购住宅区的设计,其
户型面积和豪华程度都远大于E.M.V.S.的住宅,往往造

价也是社会住宅的四倍以上,但是这些建筑都是千篇一律
的形式,苛求商业利益的最大化,单调乏味,而缺乏激
情、沉闷的氛围也因此而遍布全国各地。

说到这,我们应该思考一下,为什么这样的设计无法出
现在我们的国家,我们的城市,我们的身边?原因也许不仅
仅是我们对住宅设计的冷漠,而是几乎没有人会审视他们周
边的居住环境并拿它与马德里那激情四射的创作相比较,虽
然我们的建筑师设计团队并不缺乏这样的创造能力。

从更广阔的视野来看,E.M.V.S.的设计无可非议地
拉近了建筑艺术与"人民大众"的距离,建筑艺术不仅仅
是市中心的高级画廊或博物馆。它让人们看到那些高级画
廊或精美博物馆或豪华饭店的设计者也能够设计无与伦比
的低造价公寓。反过来,E.M.V.S.的成就也慢慢改变了
社会住宅(social housing)和低造价住宅(low—cost housing)
在人们心目中简陋低档、环境恶劣的印象。这对整个社会
乃至整个国家都具有重要意义。目前,其他国家的一些城
市,像意大利的米兰和英国的伦敦等等都开始纷纷效仿西
班牙的做法。但与其说是效仿,不如说是西班牙的这些优
秀的建筑设计激起了他们的热情,启动了他们的梦想。

作者单位:北京市建筑设计研究院

保有权≠私有权

Tenure ≠ Home-Ownership

王 韬 邵 磊 *Wang Tao and Shao Lei*

[摘要] 自1949年以来，中国的住房政策就一直在寻找住房问题的一个"唯一正确"的答案。在计划经济时期，这个答案被认为是公有住房；而经过短短20多年的住房改革，其又变成了私有住房。但是，从西班牙的补贴型私有住房和中国的经济适用房的经验中可以看到，以住房私有化为核心话语的住房政策带来了一系列住房的可获得性和可承受性问题。本文提出，在中国未来的住房政策中，需要反思并放弃寻找住房问题"唯一正确"的解决方案的思维方式。取而代之的应该是一种对不同住房保有权形式的中立态度，从而使得各种住房形式都能够得到发展，以多样化的住房供给满足多样化的社会住房需求。

[关键词] 保有权中立立场、私有化、可承受性、受补贴的业主自用型私有住房

Abstract: *Since 1949, China has been seeking for a "one and only" answer to its housing question. The once dominance of public housing in the socialist era has now been replaced by the monopoly of privatization in housing policies. However, seen both form the Spanish experiences on subsidized owner-occupation and China's own affordable housing program, polarization of housing policies around privatization creates a series problems of accessibility and affordability. The paper suggests that this mentality of "one and only" solution shall be replaced by a stance of tenure neutrality in policy making, so that various housing choices can be provided to meet the diversified housing needs of the population.*

Keywords: *tenure neutrality, privatization, affordability, subsidized owner-occupation*

在住房研究中，tenure是一个常见的词。英文词典对它的解释是"the right of tenants to hold the property"——"居住者对于其所使用的房产所拥有的权力"，即保有权。这种保有权不一定是通过购买获得的，也包括了租赁、合作和集体拥有等形式。所谓住房政策中的保有权中立性(tenure neutrality)指的是一个国家的住房政策应该鼓励形成一种对于私有、租赁、合作等住房形式不偏不倚的中立态度(Haffner 2003)。在德国，居住在租赁住房中的家庭有58%，这是因为租赁作为一种保有权(tenure)得到了政策和法律的保障。

但是在具体实践中，住房政策很难真正做到对保有权问题保持中立，对于那些发展中国家和正在进行住房改革的国家来说尤其如此。近年来，在住宅领域中，社会构成主义派别开始兴起。其认为，社会现实并非完全独立于主体的客观现实，而是通过话语权力的角逐，由社会强势话语所定义，并被大众所普遍接受的、对于社会现实的一种描述。之所以称为社会构成主义，即社会现实不是先天的，而是由话语构成。社会构成主义的主要研究工具就是话语分析，运用此方法的住房问题学者认为一个国家或社会的住房政策如何描述住房问题、提出何种解决方案、提倡哪一种住房类型和保有权形式，无不渗透着话语权力的影响。住房政策对于不同住房保有权形式所采取的态度，往往是一个国家的住房政策中的统治性话语的反映。(Jacobs and Manzi, 2000)

这一视角也提醒我们反思私有化如何成为了中国住房制度中的统治性话语。在中国住房政策与相关研究中，几乎看不到"保有权"(tenure)这个词，所有住房政策的制定都是围绕着住房私有化这个核心，即home ownership。私有住房是政府倡导的住房保有形式，也是住房改革的最终目标。其政策意图是，私有住房将通过住房市场的供需调节机制，最终解决所有人的住房问题，从而令政府完全退出对于住房问题的干预。这种对于私有住房的政策倾斜表现在许多方面，比如：出售计划经济时期的公有住房给个人、不对租赁住房的家庭提供租权和租金水平的保障（使其成为一种不被看好的住房形式）、政府主要补贴那些购买住房的中低收入者而不是帮助他们获得租赁住房。诸如此类的各种相关行动，最终将住房选择一边倒地引向了政府所期望的住房市场提供的私有住房。

西班牙的住房政策与中国非常相似，都采取这种向住房私有化倾斜的导向，也给两个国家带来了颇为相似的问题。强行推行私有化的结果是，由于房价与购买力之间有着"暂时"的、难以逾越的鸿沟。因此，政府提倡一种接受补贴的、"暂时性的"私有住房，以解决私有住房的可承受性问题。由于此类住房的房价中包含了政府补贴，故对于购买此种住房的人群要进行选择，对其进入住房市场的条件也要做一定的限制。这种私有化的中间产品是西班牙的补贴住房政策和中国的经济适用房政策的共同特点。

从具体表现来看，这种住房政策导向带给西班牙的住房发展的问题是：

1.在政府的住房政策中，住房保有权向私有住房倾斜，使得其他形式的住房保有权没有保障或不被人们认可，从而走向衰落，并进一步刺激了对于私有住房的更大需求。

2.激增的需求推动了私有住房价格的上涨，造成严重的可承受性和可获得性问题。

3.为继续推行住房私有化，政府不得不推出暂时性的受补贴住房VPO，作为向私有住房过渡的中间产品。

4.政府需要设计复杂的补贴住房制度，以保证住房补贴到达真正需要的那些人手中；同时，还要避免政府补贴被个人拿去在住房市场上获利。而这在实际执行中很难控制，带来了一系列的分配与公平问题。

5.随着时间推移，补贴住房与市场住房的价格差距越来越大，而不是像预期的那样逐渐缩小。在补贴住房(西班牙的VPO)与市场住房之间，再次出现了需要过渡的问题，带来了其他中间层次的补贴住房(如VPT、VPA、VPP等)。

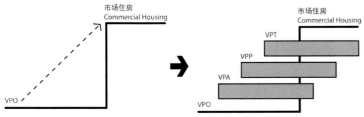

1.西班牙的补贴私有住房的发展变化
来源：Hoekstra and Saizarbitoria，2007

西班牙的VPO与中国在1998年推出的"经济适用房"非常相似，都是作为一种成本受补、价格受控、有附带条件的私有住房，来帮助住房供应向市场化的私有住房过渡。其政策话语的预设是，经过一段过渡时期，这种"过渡产品"在完成了其使命后将退出历史舞台。但是，这个"过渡时期"到底要多久？从西班牙补贴住房的发展经验中可以看到，其向私有住房倾斜的政策始于20世纪60年代。如今，半个多世纪过去了，西班牙不仅没有过渡到一个完全由市场供应的私有住房的理想状态，市场住房与补贴住房之间的价格差距反而越来越大(Hoekstra and Saizarbitoria，2007)。

从西班牙住房发展的经验和中国的具体社会经济条件来看，短期内由市场化的私有住房承担所有社会阶层的住房供应是一个不亚于当年"赶英超美"的一厢情愿的理想主义。即便是发达资本主义国家，除了美国由于特殊的社会历史条件，一直将住房补贴控制在最小的范围，几乎所有的西欧国家都以不同形式承担着为中低收入阶层提供住房的责任。与此形成对比的是，采取这种近乎原教旨主义的私有化市场原则的国家大多数是东欧前社会主义国家，或者是西班牙这样的西欧经济中的后进分子。

借此机会，我们应该认真反思与此类似的中国住房改革中的强势话语——私有化。住房政策向私有住房的倾斜，在实际上抑制了租赁

住房等其他形式住房保有权的发展和完善，排斥了租赁、合作等中低收入阶层住房供应的其他方式，私有住房市场的需求和价格被人为放大，造成了中低收入阶层住房问题的积累，带来了严重的可承受性和可获得性问题。最终，起初不想干预住房问题的政府反而被更深地纠缠进中低收入阶层的住房供应问题中去。

从1949年以来，中国的住房政策一直在寻找一种唯一的、最佳的住房保有权形式。计划经济时期在中国城市占压倒性地位的是公有住房，而在80年代住房制度改革开始以后的短短20多年后，政策又戏剧性地完全倾斜向私有住房。也许，未来中国住房问题的答案并不在于找到某种唯一正确的住房形式，而是在住房政策的制定中找到一个住宅保有权中立的平衡点，使得私人租赁住房、政府住房、市场化私有住房，甚至合作社住房等不同的住房保有权形式都能得到充分的发展，其保有权获得法律的保障，从而为社会各个阶层提供多样性的住房解决途径。

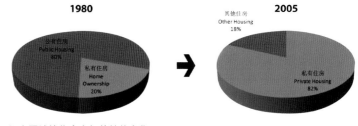

2.中国城镇住房产权的结构变化
来源：杨鲁，杨育琨，2005年中国城镇房屋概况统计公报，1992.79

参考文献

[1]Jacobs，K. and Manzi，T. "Evaluating the Social Constructionist Paradigm in Housing Research" in Housing，Theory and Society 17: 35～42，2000

[2]Haffner M. E. A. "Tenure Neutrality，a Financial-Economic Interpretation" in Housing，Theory and Society，20: 72～85，2003

[3]Hoekstra，J. and Saizarbitoria，I. H. "Recent changes in Spanish housing policies: subsidized owner-occupancy dwellings as a new tenure sector" presented on ENHR 2007 Rotterdam，2007 (中文版见2009年《住区》第2期)

[4]杨鲁，王育坤. 住房改革：理论的反思与现实的选择. 天津：天津人民出版社，1992

[5]中华人民共和国建设部. 2005年城镇房屋概况统计公报，2006

作者单位：王　韬，清华大学建筑设计研究院
　　　　　邵　磊，清华大学建筑学院

COMMUNITY DESIGN 海外视野 | 62

西班牙的住房市场

Spanish Housing Market

Joris Hoekstra，Inaki Heras Saizarbitoria，Aitziber Etxezarreta Etxarri

翻译：高 军

[摘要] 近数十年来，西班牙的住房价格一直强劲增长。令人瞩目的是，其背后不是住房供应跟不上住房需求而形成的短缺，而是住房建设的快速增长。由于房价高昂，住房供应的增加反而带来了严重的可获得性和可承受性问题，此外也导致了住房市场上的经济泡沫。

[关键词] 住房市场、西班牙、自用型私有住房、可获得性与可承受性

Abstract: *In recent decades, housing price in Spain has been constantly increasing. Ironically, the cause of high housing price has not been shortage created by insufficient supply; on the contrary, housing construction has witnessed continuous growth in the same period. Because of the high housing price, there are severe accessibility and affordability questions in Spanish housing market, as well as the possible issue of the speculative bubble in the housing market.*

Keywords: *housing market, Spain, owner-occupancy housing, accessibility and affordability*

一、爆炸式的住房价格增长

近年来，西班牙的业主自用型私有住房一直表现出价格大幅上涨的特点。根据Banco de Espana所作的一份研究（Martínez-Pagés and Maza，2003），1976~2002年间，其平均价格在名义上增长了15倍，实际则增长了1倍（将通货膨胀的影响考虑在内）。而从国际范围来看，西班牙的住房价格亦是大幅增长。尤其在2000年之后，其年均住房价格增长率在10%以上（图1），引人注目。就实际住房价格的长期增长而言，西班牙居于欧盟15国的首位（表1）。

欧盟15国实际住房价格年度长期增长率（从高至低排序，以百分比计） 表1

西班牙（1987~2001）	4.2%
爱尔兰（1980~2001）	3.7%
奥地利（1987~1999）	3.5%
希腊（1994~2001）	3.5%
英国（1980~2001）	3.0%
卢森堡（1980~2000）	2.6%
荷兰（1980~2000）	2.3%
芬兰（1981~2001）	1.9%
法国（1980~2001）	1.4%
比利时（1981~2001）	1.2%
意大利（1980~2001）	1.2%
丹麦（1980~2000）	1.0%
德国（1980~2001）	0.5%
葡萄牙（1988~2001）	0.4%
瑞典（1980~2001）	-0.2%

来源：ECB，2003

然而，在颇为晚近的时候，该趋势稍有放缓。2007年的头3个月，西班牙的住房价格比前一年"仅仅"高出7.2%。

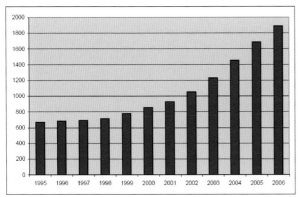

1.未受补贴的住房的平均价格（以欧元/m²计），1995年~2006年
来源：西班牙统计研究所（www.ine.es）

二、住房价格上涨的背景

　　西班牙住房价格强劲增长的原因是复杂而多重的。本文无意对所有相关因素进行深入分析，仅总结了围绕着这一问题所进行的理性探讨中最为常见的观点（亦请参看Heras，即将出版）。依照大多数研究者的看法，西班牙住房价格的强劲增长大体上是由需求所驱动，而住房需求又由于下列决定因素而高涨。

　　1.社会——人口学因素。尽管西班牙的人口增长颇为有限，但有相当数量的人（未来的家庭）希望独立生活，因而对住房的需求也相当大。造成这一现象的原因，有发生在20世纪70年代早期的婴儿潮（这些人现在愿意自己独立生活），有单身生活的人的比例日益增大，也有日见增多的离婚现象。而且，西班牙还接收了大量主要来自拉丁美洲、北非和东欧的移民。最后一个影响较小的原因是，有些来自西欧和北欧的相对富裕的人，欲在西班牙寻觅一处长久性或第二处住房，他们的这种强烈需求为西班牙住房价格的上涨提供了额外的推动力，在沿海地区尤为如此。

　　2.社会——经济及金融因素。由于失业者减少，双丁资家庭数量日益增多，令其实际可支配收入有了较大增长。而且，利率仍然非常低（尽管近来在缓慢增长），对按揭市场的管治被去除，并使之自由化，获得高额按揭贷款较为容易。

　　3.文化因素。西班牙是典型的地中海福利国家，这意味着其所提供的社会性以及金融方面的保障相对而言不多

（参看Hoekstra，2005）。积累一笔可以用来为生活不同阶段的社会性风险（疾病、失业和养老）提供保障的备用金，大体上要依赖家庭自身。在这样的情况下，对不动产进行投资被认为是保存和投资金钱的一种稳妥方式。无论如何，此类投资不受通货膨胀的影响（西班牙经济以往以非常高的通货膨胀率为特点），一般可带来高回报（至少在过去的30年中是这样）。而且，由于利率低和股票市场变化不定，被视为安全并在金钱上具有吸引力的投资机会并不多。因此，西班牙有着悠久的投资房屋建造的传统。规模相对较大的灰色经济在这方面也起着一定的作用，这种隐蔽经济中所赚得的"黑钱"有相当大的一部分被投入房产领域（Hoekstra and Vakili Zad，2006）。

三、住房建造的兴盛

　　西班牙并不是惟一的住房价格大幅上涨的欧洲国家。在像爱尔兰、英国以及荷兰这样的国家中，也可以看到相似的趋势（表1）。然而，这些国家的住房价格上涨主要是由供应不够灵敏造成的。由于体制性因素，如严格的空间规划以及复杂的管理架构，新住房的建造跟不上日益增大的住房需求（参看Boelhouwer，2005）。

　　西班牙的情况则不同。自1950年以来，西班牙的住房存量增长了两倍，而家庭数量只增长了一倍。自2001年以来，其每年建造的住房数量均在50万以上（图2），而家庭数量的年均增加量大约为28万[1]。预计未来家庭年均增加量为25万（Analistas Financieros Internacionales，2003），而每年建造的新住房数量大约为50万套。

　　家庭数量的增加与住房数量的增长之间的差距可以用这样一个事实来解释，即新建住房有很大一部分被西班牙或来自国外的家庭用作第二居所。而且，数以千计的房产是被当作个人投资来建造的。在完工之后，这些房产往往处于无人居住的状态，因为它们由于各种各样的原因未被出售或在租赁市场上标列（参看Hoekstra和Vakili Zad，2006）。

　　有一些非常能说明情况的数字，可以解释上面所说的现象（Paniagua，2003）：1991~2001年之间建成的每100套住房中，60套是意在用作主居所的，40套是其他类型的居所，与满足对长久住房的需求没有关系（比如，旅行者住宿、投资型房产、第二居所等等）。这明确地表明了投资

成分在西班牙当前住房市场中的重要性。

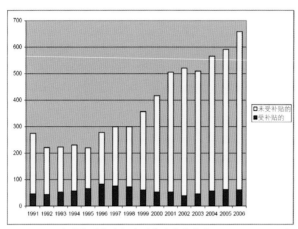

2.西班牙已建成的受补贴与未受补贴的住房数量，1991~2006年（*套住房）

来源：西班牙住房部（www.mviv.es）

四、日趋严重的可承受性及可获得性方面的问题

由于住房价格的强劲增长，自用型私有住房的可承受性及可获得性大大降低。表2列举了两种不同的指数，使其得到了明白无误的体现。

第一种指数——"理论偿还比例"——是西班牙中央银行（Banco de Espana）设计的一种指数。其显示的是中等收入家庭以达到住房价值80%的标准按揭贷款购置一套未受补贴的住房之后的头一年当中，向按揭贷款提供者支付的还贷额占家庭净收入的比例，财政扣除计算在内。像住房价格与收入的变化、利率以及信贷提供者的状况这样的因素被（隐含地）纳入这一指数的考虑之中。

该指数表现出一种独特的变化轨迹。它在1995年时在高位运行，继而在90年代后半期走低，原因在于利率下降，按揭贷款可以更为优惠的条件更为容易地获得，按揭贷款的还贷期限更长，以及双工资家庭的比例日益增大。然而，由于西班牙的住房价格在21世纪初一直表现出上涨的特点，这一指数自2002年之后开始上扬，直至2006年超过了30%。

表2中的第二种指数比第一种简单。其显示出一套普通的未受补贴的住房（以一套93.75m²的住房为例）的价格与平均家庭总收入的比率（AHP/AHI）。因此，除了理论偿还比例指数之外，它并不考虑获得按揭贷款的更为优惠的条件、更长的还贷年限和下降的利率。这一指数在20世纪

90年代后半期并未下降，而是保持稳定，其原因即在此。但在2002年之后，其也出现了大幅增长。

因此，不管所考察的指数情况如何，可以得出这样的结论，即西班牙未受补贴的自用型私有住房的可承受性及可获得性在过去5年中大幅降低。就此而言，应当注意到，表2中已经令人忧心忡忡的指数是将西班牙作为一个整体来对待的。在住房价格最高的地区（马德里、加泰罗尼亚与巴斯克自治区），可承受性及可获得性方面的问题实际上比表2中的数字所表明的严重得多。

而且，由于首次购房者被迫借贷数额大、还款期长的按揭贷款，单个家庭面临的风险增大。与此相关，应当指出的是，新的按揭贷款中有很大一部分是以可变利率贷得的，而不是以往人们所喜欢的固定利率贷款。因此，与利率相关联的很大一部分风险被从放贷方转移到了住房购买者。

对于数量日益增多的某一类家庭而言，未受补贴的自用型私有住房已经完全不具有可获得性。他们只能通过受补贴的自用型私有住房来取得住房所有权。然而，往往通过抽号方法来分配的受补贴的自用型私有住房是稀缺的，对于这类住房的需求一般远远大过其供应。视抽号时的运气而定，受补贴的自用型私有住房的等待期可能因而长达5~10年（有时甚至更长）。

西班牙自用型私有住房的可承受性指数（1995~2006年）   表2

年度	理论还贷比例	平均住房价格/家庭平均收入（AHP/AHI）
1995	35.5%	3.6
1996	27.7%	3.5
1997	23%	3.5
1998	21.6%	3.6
1999	20%	3.8
2000	22.7%	3.9
2001	21.6%	4.2
2002	22.3%	4.8
2003	22.5%	5.5
2004	24.6%	6.2
2005	25.6%	6.8
2006	30.4%	7.1

来源：西班牙银行的网站（www.bde.es）

五、是否存在泡沫？泡沫是否会破裂？

鉴于西班牙住房市场当前的情况，多个受人尊重的分

析家及机构——如经济合作与发展组织、国际货币基金组织、欧洲委员会、欧洲中央银行甚至西班牙银行——警告说，西班牙住房市场有可能形成投机性泡沫。原因是住房价格增长不仅仅由根本性的因素决定，而且与基于对未来住房价格增长的不切实际的期望的投机行为相应和。有些研究估计，住房价格的上涨有大约30%是由投机性因素造成的(García-Montalvo，2003)，并预测住房价格在近期将出现回落。

然而，其他分析则不赞同这种观点。例如，西班牙对外银行(BBVA，2007)的《2006年房地产状况报告》写道，住房价格已进入一个"有序"放缓的阶段。该报告未看到有任何理由预期住房价格突然骤降。在BBVA看来，只有利率意外上升或失业者急剧增加才可能导致这样一种情况。

尽管如此，有一点看来似乎很有可能，即过去10年中一直在推动住房价格上涨的与需求相关的因素将在近期稍有减弱。比如，20~34岁年龄群体的人数预计将减少，利率将上升。因此，住房价格增长似乎很有可能放缓。未来我们将知晓这些因素会导致经济的硬着陆或软着陆。

注释

1.这与一家重要的西班牙建筑公司(Metrovacesa)所作的一份评估有关，该评估被西班牙报界所采用(Portilla，2006)。

参考文献

[1]Analistas Financieros Internacionales. Estimación de la demanda de vivienda en Espa.a (2003–2008). Madrid: Analistas Financieros Internacionales, 2003

[2]BBVA. Situación Inmobiliaria. Servicio de Estudios Económicos Grupo BBVA. enero 2007. Madrid, 2007

[3]Boelhouwer, P.J. The incomplete privatization of the Dutch housing market: exploding house prices versus falling house-building output. Journal of Housing and the Built Environment. Vol. 20. No. 4, 2005. 363~378

[4]Department of Housing and Social Affairs. Necesidades y demanda de vivienda en la CAPV. Encuesta de coyuntura. informe de resultados 2005. Vitoria-Gasteiz. Spain, 2006

[5]European Central Bank. Structural Factors in the EU Housing Markets. Frankfurt: ECB, 2003

[6]García-Montalvo, J. La vivienda en Espa.a: desgravaciones, burbujas y otras historias. Financiación de la vivienda: (2003). No. 78. Perspectivas del Sistema Financiero. Fundación de las Cajas de Ahorros, Madrid, Spain, 2003

[7]Heras, I. (forthcoming). Las Políticas Públicas de Vivienda Dirigida a la poblacion joven en la CAPV, Centro de Documentación y Estudios SiiS.

[8]Hoekstra, J. Is There a Connection between Welfare State Regime and Dwelling Type. An exploratory Statistical Analysis. Housing Studies. Vol. 20. No. 3, 2005. 475~495

[9]Hoekstra, J. and Vakili Zad C. High vacancy rates and high house prices. A Mediterranean paradox. Paper for the ENHR 2006 conference in Slovenia, 2006

[10]Martínez Pagés, J. and Maza, L. Análisis del precio de la vivienda en Espa.a. Documento de Trabajo no 0307. Servicio de Estudios, Banco de Espa.a. Madrid, Spain, 2003

[11]Paniagua, J.L. "La necesidad de intervención pública en materia de suelo y vivienda". Papeles de la FIM, especial Suelo y vivienda, No. 20, Madrid, Spain, 2003

作者单位：Joris Hoekstra，
荷兰Delft大学OTB住房、城市与交通研究所
Inaki Heras Saizarbitoria，西班牙País Vasco大学
Aitziber Etxezarreta Etxarri，西班牙País Vasco大学

西班牙住房政策的近期变化

——受补贴的自用型私有住房将成为一种新型住房保有权形式？

Recent changes in Spanish housing policies:
Subsidized owner-occupancy dwellings as a new tenure sector?

Joris Hoekstra、Inaki Heras Saizarbitoria、Aitziber Etxezarreta Etxarri

翻译：高 军

[摘要]西班牙社会住房的常规模式在欧洲的住房政策中是一个异数，因为它几乎完全是业主自用型的。受补贴的自用型私有住房在规定的年限内保持社会住房的地位，在此期间，不可按照市场价格出售住房。规定年限期满后，住房地位发生变化，相关住房成为自由住房市场的一部分。

然而，西班牙住房政策近来出现的情况暗示着，这一模式有可能在将来发生变化。在西班牙的某些地区，受补贴的自用型私有住房现在被视为一种单独而长久的住房保有权类别，而不是一种暂时的补贴安排。本文探讨了这一新的政策视角的背景及其可能产生的影响。

[关键词]住房政策、西班牙、受补贴的自用型私有住房

Abstract: *The conventional model of social housing in Spain is a peculiarity within European housing policy, in that it is almost entirely owner-occupied. Subsidized owner-occupancy housing maintains the status of social housing for a set number of years, during which time it cannot be sold against market prices. After that period, its status changes, and the housing concerned becomes part of the free housing market.*

However, recent developments in Spanish housing policy suggest that this model might change in the future. In some Spanish regions, subsidized owner-occupancy housing is now considered as a separate and permanent tenure category, and not as a temporal subsidy arrangement. This paper discusses the background and the possible implications of this new policy perspective.

Keywords: *housing policy, Spain, subsidized owner-occupancy housing*

一、序言

西班牙是一个住房自用型国家。在其所有的住房中，81％为业主自用，11％属于租赁市场，8％归于"另类"（如以无租金方式提供的住房）。西班牙租赁住房绝大多数为个体私人房东所有，社会性或受补贴的租赁住房所占份额非常有限。与大多数其他欧洲国家形成对照的是，西班牙的社会住房主要是通过业主自用型私有住房来提供的。

自2000年以来，西班牙的住房市场表现出建造的兴盛及价格大幅上升的特点。尽管这些情况对住房开发商及住房所有期较长的家庭（内部人）是有利的，但对首次购房者（外部人）却是不利的。后者要应对可获得性与可承受性方面的严重问题。

一直以来，西班牙的社会住房主要是通过受补贴的自用型私有住房来提供的，其以低于市场价格的价位出售给中、低收入水平的家庭。在限定的年限以内，在所谓的限售期期间，这些住房保持着某种受保护的地位，也即意味着不可按照市场价格将其售出。只有当限售期期满时，相关住房才成为"普通"住房存量的一部分。近来，西班牙的某些自治区域出现了政策变化，使限售期比以往要长得多。因此，受补贴的业主自用型私有住房似乎正在发展为一种新型的长久的住房保有权形式。本文分析了这些政策变化的背景及其可能造成的影响。

二、西班牙的住房与住房政策体系

1.西班牙的住房体制

在西班牙，住房权利是载入宪法的(Leal，2004)。西班牙宪法第47条规定"所有西班牙人均拥有享有良好及充足之住房之权利。政府部门应促进必要之条件并设置适宜之规定以维护该项权利，依照总体利益管理土地之使用，以防止投机"。然而，西班牙的住房政策尚未能实现这一宪法条令的规定，严重的可获得性及可承受性方面的问题即说明了此点。

在笔者看来，西班牙住房体系的性质是与西班牙福利国家的性质紧密联系在一起的(亦请参看Allen et al.，2004)。西班牙可以被看作一个地中海福利国家(Hoekstra，2005)，在这样的条件下，国家的影响力相对有限，大多数福利任务是由市场或家庭来承担的。这在西班牙的住房体系中可以看得很清楚，自由市场在其中是主要的住房提供者(Trilla，2003)，但同时家庭起着重要的作用。家庭所提供的帮助是使年轻人得以获取住房和独立生活的一个重大因素。大致而言，可以说自由市场给外部人(即住房市场上的初次购房者)造成的可获得性与可承受性方面的问题至少部分地从家庭之内的外部人与内部人之间的资源聚合那里得到了补偿。由于从内部人那里得到了资金帮助，西班牙住房市场上的外部人有能力支付比仅依靠自己的收入所能支付的更为昂贵的住房。这些家庭之间的资金转移是西班牙住房价格上涨如此之大却未造成需求下降的原因之一。

最后，必须记得，西班牙住房市场除了非常不完善以外，还与西班牙经济的两大关键部类紧密联系在一起：建筑业与金融业。其动向在造就与住房相关的公共政策的结构方面有着相当大的决定作用(Trilla，2001，Sánchez García和Plandiura，2003)。住房政策与经济政策因而紧密地相互关联。

2.西班牙的住房政策体系与少许历史

西班牙住房政策的基本特点源自弗朗哥时期，并自那时起保持了相对稳定。事实上，可以说西班牙从未有过真正的社会住房政策。如Trilla(2003)所强调指出的那样，西班牙对于住房供应的政策——既包括私人市场住房，也包括社会性或受补贴的住房——更多地是由刺激经济活动的愿望而不是由社会政策本身决定的。

应当注意到，住房政策方面的责任是由不同层级的政府分担的。中央政府负责将住房作为一个经济部类进行协调，自治区则依照其各自的自治法规所赋予的权力，利用它们自己的资源调整和补充中央政府的住房政策。另外，它们还负责设置地区性的住房以及土地使用规定，发展和管理它们的受补贴与租赁住房，以及发放和控制对住房投资的补贴。最后，市级政府在住房政策中也起着一种非常重要的作用，因为它们负责城市化过程中的城市规划和土地管理。

西班牙住房政策的一个重要特点，是住房政策对于住房保有权问题所采取的立场完全缺乏中立性[1]。通过直接(提供受补贴的自用型私有住房)和间接的住房政策干预(税收政策)，自用型私有住房显然被置于租赁型住房之上而得到了优先待遇。而且，政府还采取了一些重大的政策性抑制措施，如将公共租赁住房存量私有化以及对租赁型住房中的公共私人投资实行一种颇为严格的租金管治(在过去尤为如此)(Leal，2003和2004)。因此，租赁型住房的比重从1950年的50%以上被减少到2001年的大约10%左右(图1)。

要理解西班牙的租赁型住房的衰落，必须上溯至西班牙内战的结束(Leal，2003)。由于冲突所导致的房屋毁坏，租金价格显著上升，损害了中产阶级，而他们曾支持了这场战争的胜利者——弗朗哥政府。因此，为了扶助这些中产阶级，通过了新的法律，规定租金冻结和无期限的租赁合同。

这一情况在Ley Boyer于1985年上台执政时突然改变，租金管治几乎被完全放开。然而，这一新法律造成了租户无保障和租赁住房市场的不稳定。因此，租金管治被再次修正。1994年通过的《城市住房租赁法案》(Ley de Arrendamientos Urbanos)意图在租户与房东的利益之间恢复某种平衡(Blas Lopes，2004，p3)。依照新法，租赁合同的通常期限为5年。合同之初的租金设定是自由的，但在合同期限以内，年度租金增加不可高出通货膨胀。事实上，西班牙租金管治体制并不是特别地严格，与其他国家比较起来尤其如此(亦请参看Elsinga et al.，2007)。尽管这样，西班牙的租赁住房几乎未表现出恢复的迹象。尤其是收回拖欠租金的法律程序的拖沓滞慢，仍在极大地妨碍着西班牙的租赁住房，尽管近些年来在管治政策方面有了一些改变[2]。

大体而言，西班牙人将支付房租看作一种对金钱的浪费。这是租赁型住房之所以主要是处于经济上无保障或漂泊不定的处境的人们的专属领域的原因，如刚刚离开家庭、还没有足够的财力取得住房所有权的年轻人、新近离婚的人以及就业朝不保夕的移民。而且，租赁型住房的供应也极端零散，缺少合格和专业的提供商。

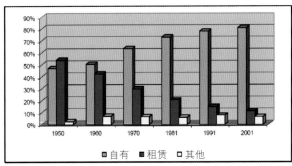

1.西班牙的住房保有权结构，1950～2001
来源：Paniagua，2003

三、西班牙受补贴的自用型私有住房

西班牙有着提供社会性或受补贴的自用型私有住房的悠久传统，在西班牙这类住房一般被称为VPO（即Vivienda de Protección Oficial——受政府保护住房的首字母缩略词）。如Sánchez García和Plandiura（2003）所指出的那样，因为一系列复杂的法律，受补贴住房这一概念本身与其特点——乃至这一名称——在历史上经历了不断的变化。

在内战之后，西班牙采取了建造低品质公共租赁住房的政策，以满足城市当中日益增大的住房需求。这一需求是由与工业化过程联系在一起的从乡村到城市的大规模人口迁移造成的。但是该政策并没有持续很长的时间，产生的影响相对有限。这与一个事实有关系，即西班牙政府很快采取了全盘出售存量公共租赁住房的政策。

自20世纪60年代以来，西班牙政府几乎是独特地将注意力集中在用于业主自用的新住房的建造上（Leal，2003，Tatjer，2005，Jurado，2006）。由于对公共租赁住房的管理造成了数额颇大的亏损，有人主张，促进自用型私有住房的发展可以同样的成本建造更多的住房。

促进受补贴的自用型私有住房发展的政策从一开始就建立在向私人开发商及购房者提供协助的基础之上，采取的形式是专门为了推动建筑业的发展而提供补贴。在这一体制下，补贴接受者的社会状况几乎未被考虑，任人唯亲与欺诈大行其道。由此开始形成的新式的住房私有型社会要求就业稳定，以确保按揭贷款的偿还，而社会以及政治冲突因此缓和下来。

即便在今天，西班牙对社会住房领域的直接公共干预亦显著不同于大多数其他欧洲国家，在这些国家，大多数社会住房往往是租赁式的。而西班牙的公共住房供应主要集中在自用型私有住房上，此类住房的设置面向中、低收入水平的家庭（收入不足最低工资水平的5.5倍的家庭），它以私人开发商的强力参与为特点。受补贴的自用型私有住房的建造，是通过由补贴贷款和提供给开发商和购房者

（视收入水平而定）的多种补贴及拨款构成的一个复杂体系来进行协调的。每年建成的受补贴的自用型私有住房的数量有着相当大的起伏，一般而言，可以说受补贴的自用型私有住房的建造在住房市场情况良好的时候会减少。这是因为，在这样的情况下，私人开发商投资未受补贴的自用型私有住房要比投资受补贴的自用型私有住房更为有利可图（Sánchez García 和Plandiura，2003）。

一种暂时性的社会住房模式

西班牙受补贴的自用型私有住房的一个根本特点是补贴安排的暂时性本质。用公共资金开发起来的住房仅在一定的时期内（即所谓的限售期）被视为受补贴的住房，在此期间，受补贴的自用型私有住房只可按照由政府确定的价格出售（一般是新建的受补贴的自用型私有住房的价格）。其目的所在，是要防止投机。限售期到期时，相关住房丧失其受补贴住房的地位，并被纳入"普通"住房存量，这意味着它可以市场价格出售。这一体制可以上溯至20世纪50和60年代，那时社会住房的限售期为20～50年之间（Sánchez García和Plandiura，2003）。20世纪70年代末，确立了30年的限售期。

20世纪90年代初，西班牙创立了一种新型的无限售期的受补贴的自用型私有住房：Vivienda a Precio Tasado（VPT）。这种中等成本住房的价格低于市场价格，但远高于VPO住房的价格。如前所述，VPT不受适用于VPO住房的30年限售期的限制。但是，得到VPT住房并在5年以内出售者，须将其所接受的任何个人补贴偿还给政府。由于VPT住房在购买后即可依照市场价格出售，它们很快便成为投机的有利可图的对象（Sánchez García和Plandiura，2003）。

1993年，西班牙去除了对所有在1978年之前提供的受补贴的自用型私有住房的限制。换言之，VPO住房存量的很大一部分被以具有追溯效力的方式去管治化，不再受20年或50年的保护安排以及那些时期适用的最高出售价格的制约。

自《1998～2001住房规划》生效以来，VPO住房保护安排的最长延续期被缩短至20年。在此期间，其出售价格不可超过由政府确定的最高售价。这一最高售价建立在新建的受补贴的自用型私有住房的出售价格的基础之上。而且，如果受补贴住房在购买后的头10年间被出售，则所有VPO住房政策带来的个人补贴须偿还给政府。

总而言之，可以得出这样的结论，受补贴的自用型私有住房（VPO住房）的补贴期年限仍然相对有限。由此造成的后果是，更长远来看，此类住房的所有者仍有颇大的牟利可能。无论怎样，自由住房市场上的住房价格要远高于受补贴的自用型私有住房的价格。尤其在未受补贴的自用型私有住房价格很高的地区，如马德里、加泰罗尼亚和巴斯克地区，牟利的潜力是巨大的（图2）。然而，近来某些

自治区域已经采取了应当可以防止此类牟利行为的措施。下文将对这些新的政策举措进行讨论。

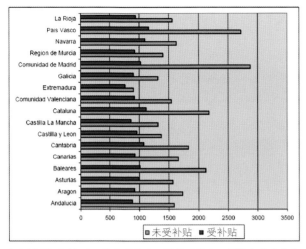

2.西班牙不同自治区的未受补贴及受补贴的自用型私有住房的价格，价格以欧元/m²计，2006年第一季度
来源：西班牙住房部网站(www.mviv.es)

四、迈向一种长久性的受补贴的自用型私有住房

就在不久前，西班牙政府采取了一些措施，以限制受补贴的自用型私有住房的短期投机行为。这些变化是在这样一种社会背景下发生的，其特点是西班牙的公众舆论对这一通常被称作"住房问题"的事宜有着敏锐的意识。比如，根据西班牙社会学研究中心所做的最新的民意调查，住房是最使西班牙人担心的问题[3]。多种多样的年轻人组织的协会近来开始动员起来，呼吁年轻人有权拥有良好的住房而不应在自己以后的生活中为高额按揭贷款所累。而且，许多人认为，年轻人(外部人)找到一套可以承受的住房非常艰难，而买下20年前就开始受到补贴的住房的人现在则可以大发其财，这很不公平。

西班牙目前的社会民主党政府所制订的《2005～2008住房及土地规划》为传统的社会住房(VPO)确立了最短30年的限售期，这一期限可由自治区域凭自己的决断改变。该规划还规定，中等成本的VPT住房的限售期完全由自治区域自行决定。

如果一套受补贴的自用型私有住房的所有者打算出售其住房，则应售与已在自治区域设立的登记簿上注册了的购房者，这样就可以防止欺诈[4]。按照西班牙的国家规划，在10年之后方可进行受补贴的自用型私有住房的二度及之后的出售，最高售价限制在最初出售价格的两倍(依照消费者价格指数进行调整)。这一措施同样受到批评，因为它仍为牟利行为留下了相当大的空间。

1.限售模式的地区差异

在前文所描述的管理架构以内，自治区域拥有对于受补贴的自用型私有住房实行自己的规定的自由(Burón，2006)。就此而言，可以区分三种自治区域。

(1)选择了永久或近乎永久的限售期的自治区域。

(2)依照《2005～2008国家规划》设定的期限，施行30年限售期的自治区域。

(3)通过各类不同的区域性补贴住房，将限售期减少到30年基准年限以下的自治区域。比如Viviendas de Protección Pública，这是一种可以选择购买的受补贴租赁型住房，由马德里自治区域推出，7年后可不再归属补贴类住房；还包括Vivienda Protegida Autonómica，亦属马德里地区，15年后可不再归属补贴类住房。

加泰罗尼亚、阿斯图里亚斯、埃斯特拉马度拉和巴斯克区自治区域选择了第一个选项。2004年，加泰罗尼亚自治区为VPO住房设定了为期90年的限售期，而埃斯特拉马度拉自治区域则使VPO住房永久化。相似地，阿斯图里亚斯自治区域规定，社会住房的限售期以直至房产被宣布为不再适宜居住(也就是住房实际的使用寿命)为止。

巴斯克自治区值得特别地提一下。这一地区采取了一个开创性的举措，在2002年使所有受补贴的自用型私有住房的限售期永久化。下文对这一举措的背景作了更为详细的讨论。

2.永久性的受补贴住房：巴斯克自治区的个案

在马德里之后，巴斯克区(Comunidad Autónoma del País Vasco；CAPV)是西班牙住房价格最高的地区。自2002年以来，受补贴的自用型私有住房在这一自治区具有永久性的地位。而且，巴斯克政府拥有所有在自由市场上出售的VPO住房的优先购买权，这样他们就能够以后重新分配这些房产。

以上的政策方面的措施得到了巴斯克社会的广泛接受。根据CAPV在2005年所作的《住房要求及需求调查》(住房与社会事务部，2006)，巴斯克人口的绝大多数赞同将社会住房的限售期永久化。更为具体而言，89.7%的寻求第一套住房的年轻人和90.4%的希望更换住房的人们都赞成这一举措。

巴斯克地区的住房政策近来的另外一个特点，是出售具有有限租赁权的受补贴的业主自用型的社会住房。按照为期75年的租赁权安排来提供大多数受补贴的自用型私有住房，这种做法在CAPV已经有些年了。这意味着，政府保持着对住房建于其上的土地的所有权。75年之后，住房自身也成为政府的财产。这一年限是固定的，无论所有者出现任何变化。

巴斯克地区目前正在考虑对受补贴的自用型私有住房的所有权进行进一步的限制。比如，有人建议定期核查受补贴的自用型私有住房的居住者的境况，以确定其财务及经济状况是否出现任何变化。如果居住者不再有资格继续居住在受补贴的住房中，那么他们就必须放弃。在这样的情况中，他们可以获得一笔补偿金，其计算方法建立在他们为所涉房产提供资金所做的努力以及从居住其中所获得的收益的基础之上[5]。

五、结论与探讨

1.结论

本文已表明，西班牙的住房市场存在着一些严重的问题。尽管住房的建造速度令人印象深刻，但其价格非常高，对于年轻人有着可承受性和可获得性方面的问题，特别是在像马德里、加泰罗尼亚和巴斯克这样城市化程度较高的地区。对于许多打算购买住房的年轻家庭来说，受补贴的自用型私有住房是唯一的选择。

传统上，西班牙受补贴的自用型私有住房是一种暂时性的住房。由于与未受补贴住房存在着巨大的价格差异，一旦补贴期结束，就造成了颇大的牟利机会。为了防止这一点，有些地区近来采取了政策方面的举措，这些举措被认为能够使受补贴的自用型私有住房更加具有长久性。有些自治区域现在选择了永久或近乎永久的限售期。因此，表面看来，似乎正在形成一种"新型"的永久或半永久的住房保有权类型。就此而言，应当注意到，西班牙并不是唯一具有永久或半永久的受补贴的自用型私有住房的国家。与此相当类型的住房亦或多或少存在于像英国（产权共享、住房购买计划）、爱尔兰（可承受住房计划）、美国（低价住房合作社）和荷兰这样的国家之中（欲了解这些计划的更多情况，请参看Elsinga，2005）。

2.探讨

笔者以为，使西班牙受补贴的自用型私有住房更具长久性至少在某些地区是一个积极的发展。无论怎样，它使更为公平和高效地配置政府资源成为可能。考虑到受补贴与未受补贴住房之间的巨大价格差异，以及由此造成的牟利可能，使受补贴的自用型私有住房更具长久性似乎是合乎逻辑的。

同时，形成一种永久性的受补贴的业主自用型私有住房有可能给相关地区的住房市场的进一步发展带来（不利的）后果。比如，它有可能造成已经相对较低的流动率进一步下降。如果受补贴的自用型私有住房的住户无法从住房价格的上涨中赢利以累积相当的资产，那么在生活中以后的某个阶段迁往未受补贴的住房对他们来讲将是困难的，在经济上也不具备吸引力。无论如何，受补贴与未受补贴的自用型私有住房之间的价差是如此巨大，以至难以仅仅在收入增加与个人储蓄的基础上消除这种差距。因此，形成一种永久性的受补贴的业主自用型私有住房有可能导致住房市场的分裂化——一边是受补贴的业主自用型私有住房，另一边是未受补贴的业主自用型私有住房，在两者之间很少发生联系。从长期来看，代际转移甚至有可能将上述差异从一代人传递给另一代人。

问题是能否以及如何防止这种情况。可以采用的一个办法是加大对所谓中间层次住房的投资，这样一个层次已经以VPT住房的形式存在着。与普通的受补贴的自用型私有住房相比，它价格较贵，质量较高，但仍然比未受补贴的自用型私有住房来得便宜。这种VPT住房有可能起到受补贴的自用型私有住房与未受补贴的自用型私有住房之间的一种桥梁作用。尽管如此，笔者仍怀疑这是否是一个真正的解决办法，因为VPT住房与未受补贴的自用型私有住房之间的价差仍相当大。因此，刺激VPT住房有可能造成在西班牙业主自用型私有住房之中形成另外一个部分（位列VPO住房与未受补贴住房之后）。

在使住房存量与寻求住房者的需求更好地匹配起来的过程中，应当可以找到西班牙住房问题的真正解决办法。笔者以为，这可以通过激活空置的住房存量来实现。

如笔者较早前在本文中所表明的那样，西班牙没有数字意义上的住房短缺。住房数量远远多过家庭数量，而住房建造也大大快过家庭数量的增加。但尽管如此，住房价格依然高企，并仍在增长。这是由这样一个事实造成的，即西班牙新建和现有的住房有相当大一部分是空置的，没有提供于住房市场之上。西班牙的住房存量目前大约有16%是空置的，且其只有非常有限的一部分是在住房市场上出售或租赁的（欲了解对这一现象的分析，请参看Hoekstra 和Vakili Zad，2006）。如果更大比例的空置住房存量能够用于住房市场，住房供应将增加，住房价格的增长也将被抑制。

近来，西班牙政府已经采取了某些这一走向的举措，旨在将空置住房添加到租赁住房当中去。首先，为对外出租住房设置了鼓励措施。拥有建筑面积120m²以下的空置住房且同意将该住房出租至少5年的业主，可得到政府的一笔补贴，用于使住房适宜出租的修缮或装修。该项补贴包括了必要的修缮与重新装修的费用，最高金额为6千欧元。但是，住房所有者只有在收取低于某一政府确定的水平的租金时才有资格得到这一补贴。

第二项举措关乎所谓的公共房租基金（Sociedad publica de alquiler）的设立，其在空置住房的业主与寻求住房者之间起到一种中间机构的作用。它给住房业主带来了保障和安适，因为它办理与住房租赁相关的所有行政手续，并为房东提供这样的保障，即无论房客是否支付每月的房租，房东每月都将得到一份数额固定不变的租赁收入。作为交换，房东应依照社会性租金而不是市场租金出租其住房。

到目前为止，上述政策方面的举措所造成的影响是颇为有限的。笔者以为，这可能是因为这些举措仅仅意图将空置住房添加到租赁住房而不是业主自用型私有住房当中去。而如较早前本文所表明的那样，对于大多数西班牙家庭而言，租赁住房只是次优选择。在这一背景下，刺激空置住房的业主在住房市场上出售他们的住房，而不是使其保持空置状态，可能是一个不错的选项。要实现此点，可以考虑采取像对住房的课税地价值征收更高税额或针对空置住房征税这样的财政措施。在法国，后一种税目已经存在，而西班牙目前正在讨论。然而，考虑到建筑业在西班牙经济中占有非常重要的地位，且许多西班牙家庭都拥有一套空置的住房，可能很难为这样的举措找到足够的政治和民众支持。

注释

1.编者注：住宅政策对于住宅保有权的中立性（tenure neutrality）指的是政府的住宅政策不应该倾斜向任何一种保有权形式，而应采取一种完全中立的立场，为各种住房保有权形式提供保障（比如西班牙的住房政策就完全倾斜向了私有住房）。

2.如2000年通过的《民事诉讼法》或《仲裁法》60/2003 带来的改变，旨在加快处理拖欠房租和执行强行逐出的程序。但是，尽管有这些改变，仍无法迅速解决此类纠纷。

3.对于"对您个人影响最大的问题是什么？"这一问题的最常见的回答是"住房"，比例达到了20.3%；次之分别为失业/财务方面的问题（18.7%）以及社会不安定（13.3%）和移民（11.6%）（CIS，2006）。

4.然而，有些自治区域声称他们难以立即按照登记簿实行，由于他们的反对，这一措施在过渡期内不具有强制性，自治区域可自行规定自己的控制措施来避免首次出售受补贴住房中的欺诈。

5.实际上巴斯克地区已经有一个名叫Getxo的区域，此类制度已经在那里实行。

参考文献

[1]Allen, J. Barlow, J., Leal, J. , Maloutas, T. and Padovani, L. Housing and Welfare in Southern Europe, London: Blackwell Publishing, 2004

[2]Blas Lopes, Maria Esther. In: Tenancy Law and Procedure in the European Union, European University Institute, 2004. http://www.iue.it/LAW/ResearchTeaching/EuropeanPrivateLaw/Projects/TenancyLaw Spain.pdf

[3]Burón, J. Las reservas de suelo para vivienda protegida: Lecciones del caso de Vitoria-Gasteiz, Arquitectura, Ciudad y Entorno, vol. 1, No. 2, Journal of the Centre of Land Policy and Valuations at the Polytechnic University of Catalonia and the Architecture, City and Environment Network, Barcelona, Spain, 2006

[4]CIS. November Poll, preview of results, Study No. 2,662, Sociological Research Centre, Madrid, Spain, 2006

[5]Elsinga, M. Affordable and low-risk home ownership, in: Boelhouwer, P., Doling, J. and Elsinga, M. (eds.), 2005, Home ownership. Getting in, getting from, getting out. Housing and Urban Policy Studies 29, Delft: Delft University Press, 2005

[6]Elsinga, M., Haffner, M. and J. Hoekstra. The balance between landlord and tenant in the private rental sector: A comparison of six countries. Paper for the ENHR 2007 conference in Rotterdam, 2007

[7]Hoekstra, J. Is There a Connection between Welfare State Regime and Dwelling Type. An exploratory Statistical Analysis, Housing Studies, Vol. 20, No.3, 2005. 475~495.

[8]Hoekstra, J. and Vakili Zad C. High vacancy rates and high house prices. A Mediterranean paradox, Paper for the ENHR 2006 conference in Slovenia, 2006

[9]Jurado, T. El creciente dinamismo familiar frente a la inflexibilidad del modelo de vivienda espa.ol, Cuadernos de Información Económica, no 193, 2006. 117~126.

[10]Leal, J. "Spain", in Doling, J. and Ford, J. (Editors), 2003, Globalisation and home ownership. Experiences in eight member states of the European Union, Delft: Delft University Press, 2003

[11]Leal, J. El diferente modelo residencial de los países del sur de Europa: el mercado de viviendas, la familia y el estado", Arxius, No. 10, Universidad de Valencia, Spain (available at www.uv.es), 2004

[12]Paniagua, J.L. "La necesidad de intervención pública en materia de suelo y vivienda", Papeles de la FIM, especial Suelo y vivienda, No. 20, Madrid, Spain, 2003

[13]Sánchez García, A. and Plandiura, R. La provisionalidad del régimen de protección oficial de la vivienda pública en Espa.a, Scripta Nova, Online Geography and Social Sciences Journal, Vol. VII, No. 146(090), Universidad de Barcelona, Spain, 2003

[14]Tatjer. La Vivienda obrera en Espa.a de los siglos XiX y XX: de la promoción privada a la promoción pública (1853~1975), Scripta Nova, Revista electrónica de geografía y ciencias sociales, Vol. IX, núm. 194 (23), 2005

[15]Trilla, C. La política de vivienda en una perspectiva europea comparada, Colección Estudios Sociales No. 9, Fundación "La Caixa", Barcelona, Spain, 2001

作者单位：Joris Hoekstra，
荷兰Delft大学OTB住房、城市与交通研究所
Inaki Heras Saizarbitoria，西班牙País Vasco大学
Aitziber Etxezarreta Etxarri，西班牙País Vasco大学

卡拉班切尔盒子住宅

Carabanchel Housing

建筑设计：*Dosmasuno Arquitectos*

建设地点：*西班牙，马德里(Madrid)*

建造时间：*2004~2007年*

用地面积：*4200m²*

建筑面积：*7500m²*

建筑造价：*450万欧元(约合708万美元)*

1.住宅典型平面

过程——定位思考

尽管设计策划已经对设计用地作出了判断和限定，但是场所仍然需要表达出其自身的性格和精神，自然地产生，建造出自我。

具体来说，这一项目用地垂直于绿化带及老卡拉班切尔区，和树林以及它们之间的新区构成公共城市空间。

作为对这一环境条件的回应，住宅体量被压成条状，置于地块边侧的线性用地上。这是为了得到地域的本质特性、良好的景观以及最佳的朝向，从而使得东侧和西侧住宅都能分享南向的采光，对用地产生围合感，获得宽敞的内院并形成对外界限。

理念——简单的核心基本体+模数附加体

住宅设计的构思是通过一个固定不变的基本体与模数制附加体进行组合，来满足任务书的设计要求。固定不变的基本体充分考虑到环境视野和日照，它的两个主要功能

区，即起居室和卧室，被置于有金属网遮蔽的最南端，而其他功能核则被移到了后侧。在条状体量朝向用地内的一侧，附加体量像飘浮的云层一般，为该方向的建筑立面带来了变化和活力，从而形成了二居室和三居室的户型空间。整齐划一的秩序来自于线性核心体中融入有规律的变化体量，因此，该住宅建筑成为了"居住的机器"。而建筑的各个细部：装备式的立面、房间之间的过渡空间被最小化无不体现出这一理念。

建造——Modular casting system模数化的建造体系

该建筑的建构方式和体量需要高超的施工技术。因此，建筑的混凝土主体结构是用一个单一高度的精确铝模板浇筑而成的。而同时，构成了附加体量的轻钢结构又使建筑整体充满了变化和活力。这一工业化的体系有利于施工，因此保证了较快的施工进度。

2.住宅典型立面
3.卡拉班切尔盒子
住宅内庭院远景
4.卡拉班切尔盒子住
宅金属网街立面
5～7.住宅内庭院立面细部
8.住宅走廊细部

卡拉班切尔16号住宅

Carabanchel No.16 Housing

建筑设计：*Foreign Office Architects*
建设地点：*西班牙，马德里（Madrid）*
建造时间：*2007年*
建筑造价：*606万欧元（约合956万美元）*
建筑面积：*11384㎡（其中公寓8184㎡，停车辅助3200㎡）*

1.卡拉班切尔16号住宅外观
2.住宅外立面仰视

为了应对低收入家庭住房短缺问题，马德里政府聘请伦敦的FOA建筑事务所设计这栋位于卡拉班切尔的16号住宅。这栋建筑为我们演绎了简单的建筑是如何通过格栅这一元素而变成了光与影的美妙容器。

在大多数人看来，对经济型住宅的需求就意味着建造大量廉价普通的居住体而不用去过多地考虑用户的需求或者环境。但马德里不是这样，其住宅保障中心（E.M.V.S.）与世界顶级建筑师合作，力图创造出开放的社会住宅实验馆。

卡拉班切尔16号住宅位于马德里南的一片新的开发区，用地是一块南北朝向的100m×45m的平行四边形，用地西侧紧邻一个规划中的城市公园，东南侧以及北侧都是相似的住宅区。任务书规定了户型的形式、套数以及大小户型的比例与建筑的最大高度等等。

该设计充分考虑到规划中未来的城市花园以及南北走向的用地范围，将建筑拔高至限定的最大高度，从而使得每一套住宅都能够户内通透，获得东西两个朝向。为了达到这一目的，建筑单元成了13个40m长的连接东西两个方向的"管子"，并且避免在公寓内有任何结构墙体。

把建筑体量集中于用地西侧可以把用地东侧留作住宅内部的私家花园，而花园下就是住户的地下停车场。

因此，每套住宅都在东西两个方向朝向不同的花园。沿着住宅的立面，建筑每侧都有一个1.5m宽的阳台通廊，从而为住宅在某些季节获得半室外的空间提供了可能。通廊外侧用安装在可折叠框架上的竹制百叶围合，可以遮挡东西向的强烈阳光。这样不但为住宅提供了安全保障，而且在需要的时候，户内能够朝两侧的花园完全开敞。

在过去的几年里，关于挖掘住宅个性化潜力、尝试与众不同外观的探讨不绝于耳，而这些都让居住其中的人们有机会获得一种富有特性的居住氛围。即使设计的方式合理合法而且颇有趣味，但到目前为止，在这方面所进行的实验性探讨仍然相当肤浅，有些仅仅是在色彩和外观上的一些变化罢了。

这一类设计的风险就是会陷入狭隘的意识形态中，即现代的城市居民想要他们的住宅、他们的家变得更有个性，更与众不同。然而事实上，这种芸芸众生般的无个性、无标记、无阶级特色的状态正是现代都市生活的一个巨大特性。

这种发展模式以表面的扭曲形式消耗大量的物质资源，有时甚至以牺牲建筑细部节点的精美和空间的品质为代价。我们在这一低造价住宅项目中的实验目的就是获得最大限度的空间、灵活性和居住的品质，让公寓那种每家每户的感觉在立面上消失，从而按照住户的需要而不是建筑师的视角，通过均质的表皮格栅将整栋建筑整合到一个单一体量中。

3.住宅外立面细部(格栅打开)
4.住宅外立面细部(格栅闭合)
5.住宅室内格栅一景

景观社会住宅

Social Housing

建筑设计：*Morphosis Architects*
建设地点：*西班牙，马德里(Madrid)*
建造时间：*2007年*
建筑面积：*10000m² (165套公寓)*
用地面积：*1.05hm²*
业　　主：*emv (Empresa Municipal de la Vivienda de Madrid)*

摩福西斯建筑事务所通过竞标获得的该社会性住宅项目于2007年11月建成，该建筑群的造型与其用地周边的那些单调平凡的中档公寓塔形成了鲜明的对比。一片闪动着白色光芒的立体构成派综合体穿插着庭院和人行步道，其结构和肌理都让人联想起西班牙的安达卢西亚(Andalusia，西班牙南部一地区，位于地中海、直布罗陀海峡和大西洋交界处。这个地区有壮观的摩尔式建筑，包括塞维利亚、格拉纳达和科尔多瓦等一些历史古镇)，或者是非洲北部的旧城区。摩福西斯的项目经理汤姆·梅恩(Thom Mayne)在竞标时欣然接受了这一挑战，他说："我们怀着与早期现代主义者同样的理想，也常进行低造价建筑的实践探索。除了造价预算之外，业主对我们的设计理念和手法不做任何限制，因此我们天马行空的想法才能得以实现。"因为这是摩福西斯在西班牙的首个项目，所以梅恩的设计团队与一家当地的年轻事务所BDUE合作。

这个社会住宅综合体的体量和造型向人们对传统社会住宅的理解和看法发起挑战。它没有普通社会住宅那种高耸的塔楼体量，而是通过使用各种构件塑造出景观与空间相融合的住宅区，很容易让人们联想到监狱而不是家。通过将景观从形式和内涵两个层面融入建筑，该设计发掘出一种完全不同的社会生活和等级关系模式，同现代都市的块状街区相比，这种形态更接近于欧洲传统乡镇的布置模式。

住宅区的主要立面造型，即顶立面，是从一种乡村村庄的肌理——被植物掩映的庭院和小径环绕在两层高的住宅体周围——演变而来的。这一综合体包含有165套公寓，其中包括两室、三室以及四室的单元户型，建筑面积约1万m²。

该住宅综合体所处的城市用地周边平坦，没有高耸的建筑物。建筑一侧与一栋多层的楼房相邻。参观者则通过另一侧的一个7层高单开间(6.3m)薄型塔楼进入综合体。

建筑师将两居室置于基地北侧的这栋7层高的薄型板楼中，公寓朝向公路北立面的窗洞较小，而南侧则向每

层的室外露台敞开，一栋4层的体量确定出用地的南侧边界。这南北两栋公寓之间则是具有村庄肌理的三居室和四居室联排住宅，地下是停车场。一条宽敞宁静的散步道穿插在综合体内部，将整个综合体联系成网状结构，步道顶部遮蔽着铝条遮阳板，可以成为爬满藤萝植物的藤架。汤姆·梅恩说："我们试图创造出一种富有联系感的结构，邻居们可在任何地点不期而遇。"地下车库使得住户可到达任何一家，从而使得机动车不再干扰地面的道路环境，因此整个区域更加安静和整洁。小尺度感的步行"街道"相互迂回交错，使整个小区更加具有村庄的社会性肌理。

为了控制建造成本，建筑师利用一个简单的三维立体模型作为基本形体，并且使用标准的混凝土结构构件和钢柱顶部支起表面喷以砂浆的金属网面聚苯板，从而衬托出街道空间。摩福西斯原本想要种植的大树由于经济原因被取消了，于是整个综合体更呈现出明显硬朗的构件，凸显了构成主义的风格。住宅户型非常紧凑(60m²～100m²)，但是硬木地板、水磨石楼梯和内嵌式的储物柜等经过精心设计的室内空间非常具有吸引力。烟囱般的竖塔是通风管道，抽入冷风排出热气，开敞空间的自然通风使得在最热的日子里房间仍然很凉爽。太阳能板用来作加热装置，而充足的自然采光也降低了能量的消耗。

这一独户住宅体的理想模型是希望在高密度的城市环境中，允许最多的住宅，无论是在户内还是在户外，都能够更大程度地接近室外空间。这完全依靠综合体中大量的景观和庭院空间而获得，所以综合体内完全绿化的开敞庭院和景观空间的面积总共达到了3000m²。

植物覆盖的廊架既增添了绿化氛围，也可以遮挡马德里夏季炎热的阳光。两侧高耸的塔楼上爬满了植物，就像一幅挂毯一样将此小区与周边嘈杂的都市环境分离开来，使住户获得了田园乡村般的景致。

1.住宅构架细部
2.内部步行道景观
3.景观社会住宅俯视
4.景观社会住宅鸟瞰
5.住宅构架细部

维拉韦德住宅
Housing Villaverde

建筑设计：*David Chipperfield Architects*
建设地点：*西班牙，马德里(Madrid)*
建造时间：*2005年*
建筑面积：*11698m²*

该项目位于马德里南部维拉韦德区的新区，需要建成密集的低造价社会住宅。在苛刻的设计条件下，大卫·切波菲尔德(David Chipperfield)完成了他最优秀的建筑作品之一，并使其成为了迄今为止令人信服的社会性住宅设计领域的典范。

该项目包括176套住宅，设有一居室、两居室和三居室户型。建筑造型也受到总体规划的制约，总平面布置呈简单的"U"型，建筑体量为8层并且要带有坡屋顶。而建筑师的设计则是要利用这些约束提炼出公寓体量的标准化模块。因此虽然周边其他建筑物都采用了对称的双坡屋面，但在该设计中，墙与屋面的传统造型被演绎成建筑体量侧立面平缓的斜度和建筑顶部边缘的小坡屋面。建筑立面材料选用粉土色的混凝土板，而庭院的首层柱廊则选用灰蓝色的混凝土板。

经久耐看的体量、纪念碑式的造型、精美的构件都让人几乎忘了这是一栋低造价的社会集合住宅项目。建筑平面反复使用一梯两户的传统布局，这种两侧通透的板楼格局使得每户都能获得良好的通风和朝向。建筑在两个角部的处理明显不同，是一梯四户的格局。其中较小的两户只有一个方向的采光，较大的一户为通透的格局，而最大的一户位于角部，也具有两个方向的朝向。

建筑结构为传统的加强混凝土结构，让它获得非凡外表的原因是另外一种材料的使用，那就是GRC，即玻璃纤维增强混凝土。这种材料由混合的水泥砂浆和高强度的玻璃纤维合成，用以取代钢制结构。其优点是抗弯曲系数高、重量轻、施工难度低等等。此外，这种材料还带有保温的作用，并且可在预制过程中添加颜色。建筑师正是使用这种材料获得了雕塑般的建筑效果。预制板的使用使建筑的立面微微倾斜，从而打破了垂直立面的单调感，同时这些预制材料的使用也使得建筑具有了丰富的色彩。建筑外立面由三种色系组成，主体颜色为红，并呈现从赭石到粉红色的节奏式变换，这使建筑显得更精致且具有艺术感。

1.2.维拉韦德住宅立面外观

1   2

3

3.维拉韦德住宅远景
4.5.维拉韦德住宅立面细部

5

维拉斯凯兹集合住宅

12 towers in Vallecas

建筑设计：Nodo17 Architects
建设地点：西班牙，马德里(Madrid)
建成时间：2008年

该住宅区位于老城中心区与郊区之间，与郊区大量的构筑物相反，其使得老城区那具有历史感的尺度和肌理得以复兴。假如你在远离老城区的地方行走，10分钟之内会穿越多少廊洞和拱门？同样的时间内，在马德里老城又会穿越多少？也许前者只是后者的十分之一。我们对城市理念的理解是分裂与密合，这是一对相反却并不矛盾的命题。一个密合的项目由不同的碎片组成，即一个被许多分散布置的塔楼所疏离的封闭社区。

项目在楼层的变化中找到自己的位置：首层相互孤立分离，二层和三层紧密结合，第四层及以上楼层又变得彼此疏离而分裂。我们试图在两种体系——团体与个体——之间进行对话。首层是公共的大空间，而塔楼上则是各个独立的居室。

1.维拉斯凯兹集合住宅内庭院
2~6.维拉斯凯兹集合住宅立面细部

普拉多伦格社会住宅

Pradolongo I Social Housing

建筑设计：*Wiel Arets Architects*
建设地点：*西班牙，马德里(Madrid)*
建成时间：*2008年*
建筑规模：*144套公寓*
建筑面积：*10362m²*

建筑师威尔·阿雷茨(Wiel Arets)对马德里典型的低收入住宅区中的非人性化提出了尖锐的批评："这里给人的感觉就是贫穷简陋，缺少人性化空间和室外的公共空间"。此外，所有的建筑看上去都是千篇一律。因此他便想以2008年建成的普拉多伦格社会住宅来改变低造价住宅所处的悲惨境地。

阿雷茨说普拉多伦格住宅区设计强调的是变化。建筑外表使用橡胶模具进行混凝土的浇注，令建筑外观获得了非常迷人的立体曲线效果。墙面上深浅两种色块的趣味性布置也让建筑立面产生了斑斑驳驳的效果。

阿雷茨将3栋建筑体量赋予不同的高度和长度。一栋为9层，另外两栋则是6层，之间有下沉停车场相连。"我试图避免单调"，他说，"窗户的位置充满变化"。而且，144套公寓内部也充满变化，户型从55m²到80m²依次变大，还有一些户型为跃层格局。阿雷茨说："我们为创造多样性空间做出了最大努力。"每套公寓都设有一个

15m²～18m²的前厅，可容纳8个人就餐。户型的室内空间给人的感觉都比实际要大，而且获得了良好的光照。因为建筑是东西走向的，因此一半的公寓都能享受朝南的阳光（但是住户就得忍受强烈的南向阳光了）。

此外，每套公寓都设有一面通向走廊的磨砂玻璃门。公寓内的阳光透过玻璃门漫射到走廊上，使得走廊不再黑暗，而且也可以通过透出的灯光知道你的邻居是否在家。走廊尽端的窗户也提高了该空间的舒适性。

许多建筑院校仍然坚持勒·柯布西耶的观点，但事实却是许多城市不得不与柯布西耶式的住宅区导致的高犯罪率而抗争。虽然许多此类建筑仍然存在，但已经有很多遭到拆除。那么，建筑师应该设计什么样的建筑呢？通过何种方式才能用最低的成本建造最人性化的环境？阿雷茨的作品对此提出了重要问题。普拉多伦格住宅并没有提供现成的解决方案，但是却留下了思考。

1.普拉多伦格社会住宅外观
2.3.普拉多伦格社会住宅外立面细部

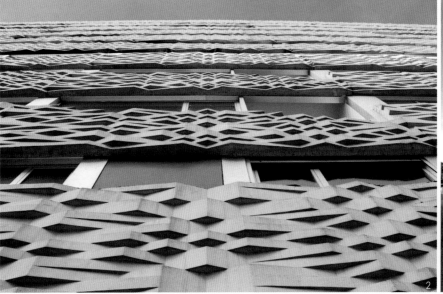

帕奎尤住宅

Social Housing in Parque Europa

建筑设计: *Legorreta Arquitectos, Aguinaga & Associates*
建设地点: *西班牙，马德里(Madrid)*
建造时间: *2005年*
建筑规模: *112套公寓*
建筑面积: *16486m²*

莱格瑞塔是一位杰出的建筑大师，也是当代墨西哥建筑的领头人物。其对色彩的大胆配比曾经名噪一时，建筑构思充满了浪漫的乡土气息。他使用混凝土造就了浓郁的墨西哥地方特色和雕塑感，令建筑空间的设计独具华彩，具有历史感。

在帕奎尤住宅的设计中，莱格瑞塔延续自己的标志性个人风格，并没有用复杂的建筑体量和精致的建筑构件，使整个建筑群简洁紧凑。效果虽然震撼，但是仔细品味就会发现，建筑设计的技巧达到了四两拨千斤的效果。建筑外立面只是廉价的粉刷处理，鲜艳的墙壁、强烈的光影和交错的几何形让该住宅区顿时呈现出与众不同的整体效果。庭院中的一个简单的长条凳、大门洞和过街楼都体现出人文和社会关怀。

也许这正是通往低造价住宅设计的成功之路。没有富足的预算，没有奢侈浪费的空间，甚至连户型的面积和功能都要有严格的限定。也许我们在接到这样的项目时，时常会无计可施，最终实现的只是整齐划一的兵营式排房。但是大师们给了我们新思路，做出了成功的典范。

1.2.帕奎尤住宅外景

地理建筑

Geographic Architecture

　　建筑研究有非常感性的一面，而理性的思考也是不可或缺的。例如，阿尔多·罗西便把建筑纳入到城市研究这一理性的理论框架体系之中，探讨了城市建设发展过程中那些作用于建筑实体之上的基本力量，如历史、集体意愿、经济、社会、政治等，从而引导出"城市建筑"的研究思路。

　　"地理建筑"是把地理环境作为建筑孕育、生存、演化的母体，从地理学的视角、思维和方法来研究建筑现象和建构过程，其中尤以自然地理、人文地理、历史地理的理论、方法为显。在"地理建筑"的视角中，建筑本身不是主角，它与地理环境的关系才是核心所在，并体现在地理对建筑的影响和建筑对地理的响应两个方面。其遵循"时间－主体－客体"的研究思路，研究建筑、环境与时间三者的交互关系，集中于建筑的情感、形态与功能等方面，是基于"人－地关系"的建筑理解。"地理建筑"作为一个跨学科的研究成果，体现了建筑学和地理学的交汇。

　　在"地理建筑"研究对象的选取上，"建筑"的范畴和尺度有所扩大，不只是指传统的建筑单体和建筑组群，还将纳入许多体现人类智慧的精彩作品。其中有许多原本建筑学研究很少涉及的对象，如僰族悬棺、泰山十八盘、灵渠、青藏铁路、观佛光金顶等，而传统聚落和民居只是很小的一部分。针对《住区》的定位特征，本栏目介绍的案例将以居住类为主，以案例剖析的方式，展示建筑与地理环境关系的精妙。

　　虽然该栏目将要介绍的案例基本都是有着古老文明的中国地域上的典型之作，但"地理建筑"的研究亦具有全球性意义，故在合适的情况下，也将介绍一些国外的典型案例。纵观世界各地，五光十色的自然地理环境与千姿百态的人文地理环境，孕育出了绚丽多彩的"地理建筑"杰作。在地域、地段、场地等各个尺度中，"地理建筑"可以反映出地方人文信息、时间要素和物质资源的一些属性。

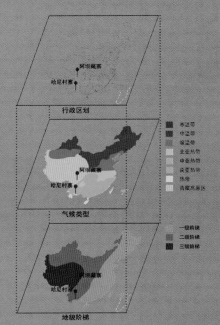

我国西南地区处于亚欧板块与印度板块的交界地带，地质运动强烈，两板块的挤压形成了山高谷深的地形，既有高耸入云的雪山，也有深切曲折的峡谷，大大小小的河流在其间奔腾不息。"蜀道之难，难于上青天"与"地无三里平"这两句俗语就描绘了川滇扼守的地形与艰险的交通。借助这些天然的屏障，少数民族的先民得以在此繁衍生息。而相对闭塞的交通，与世隔绝的环境，又使这里各民族之间的文化彼此独立，经过长时间的发展，形成了具有各自特点的风俗习惯。这一差异在建筑上的表现则为多样的建筑形式。本期将选取这一地区颇具地理特色的两种民居建筑—四川阿坝藏寨和云南哈尼村寨来介绍。

阿坝藏寨与元阳哈尼村寨同处东经112°附近，但由于阿坝藏寨纬度位置比元阳哈尼村寨偏北10°左右，且海拔比其高1000~2000m，在纬度地带性与垂直地带性的共同作用下，阿坝藏寨属高原气候区，而元阳哈尼村寨处于副热带季风气候区与高原气候区交接的地带。阿坝藏寨的植被以高山草甸为主，而元阳则发育着大片的亚热带森林。在这样的环境中，阿坝的藏民过着半农半牧的生活，而元阳哈尼族则主要以种植水稻为生。虽然两者的气候、植被与生活生产方式均有很大的不同，但由于其均处于我国西南的高山峡谷地带，地形险峻，耕地匮乏，因此体现在建筑上，两者在选址与布局上同样以节省耕地作为首要原则，尽量选择在难以耕种的地带建房，且均选用本地建材，以冬暖夏凉作为建筑的设计原则。

雪山脚下的家园——阿坝藏寨

Home at the Foot of Jokul - Aba Tibetan Village

汪　芳　王恩涌 *Wang Fang and Wang Enyong*

地　　点：四川阿坝

地貌特征：四川阿坝藏族羌族自治州地处青藏高原东南，恰是青藏高原与四川盆地过渡带，多雪山，为高山峡谷地貌[1]，沟壑纵横，平地极少。因此，阿坝藏寨多选址在山麓的河岸、山腰的缓坡或是山间的台地这些相对平缓的地带[2]。

气候特征：阿坝地区属高原气候，其特征包括日照丰富，降雨量小，干燥度大，昼夜温差大，冬季寒冷，夏季凉爽等等。在这样的气候之下，建筑所采取的对应措施包括平屋顶、厚墙小窗、室内分冬季卧室和夏季卧室等等。

植被特征：阿坝地区的植被类型为四川蒿草高寒草甸，其下发育的亚高山草甸土土壤肥沃，但由于地势险峻，土层难以发育深厚，因此阿坝藏寨多选用石材作为建筑材料。

文化特征：阿坝地区的藏民属嘉绒藏族，其最早的记载可追溯至秦代。据《后汉书　西羌传》中述：秦献公进攻西羌，羌人流散到西南几千里之外，与原来的羌人隔绝，并与当地民族融和，其中的嘉良羌即是今天嘉绒藏族的先民[3]。因此，在文化上，阿坝藏寨除有藏族的文化特征与宗教传统外，还保留着一些羌族的原始崇拜，如山神崇拜、水神崇拜、猛禽崇拜等等。嘉绒藏族形成的过程，是不断迁徙的过程，为争夺有限的生存空间，战争和冲突不可避免，建筑为了适应战争的需要，也形成了防御性很强的结构。

我们通常所说的阿坝，指的是四川阿坝藏族羌族自治州。从名称上看，这里是藏族、羌族为主的少数民族聚居区，藏羌文化在这里相互交融，以至于羌寨与藏寨从布局到形式、材质都非常相似。它们之间的差异，反倒远小于阿坝藏寨与其他藏寨的差异。此时，似乎自然地理因素对建筑的影响甚至超过了宗教和民族。

阿坝州紧邻成都平原，地处四川盆地向青藏高原隆升的梯级过渡地带，雪山耸列，江河纵横。对于居住在雪山之下的嘉绒藏民而言，每一座山峰都是神的化身，因此在藏寨选址、建筑布局中要以可以站在屋顶平台看到当地神山为准，以便在屋顶祭祀山神，沟通人与天地。除对神山的祭祀之外，对雪山的崇拜还体现在其"白石崇拜"上，即对白色石头的尊敬。而体现在建筑单体上，就是在建筑表面饰以白色。

由于地处汉、藏、羌文化的交汇处，历史上，这一地区曾经冲突不断。藏寨周围往往建有几十米高的碉楼，能起到瞭望和防御作用。藏寨中的建筑也相互独立又彼此联系，设有与屋顶相连的通道，便于军事上指挥增援。其不仅在军事上发挥着易守难攻的优势，也适应生活上的需要。由于处在高海拔的寒冷地区，阿坝藏寨拥有厚实的墙

1.藏民对雪山的崇拜超出了常人的想像，哪里有雪山，哪里就有藏民的家。海拔7556m的贡嘎山，藏语意为"最高的雪山"，是四川省最高的山峰，被称为"蜀山之王"，位于阿坝邻近的甘孜州境内。

2.阿坝藏寨所在的山区地势崎岖，下方是河谷，上方是雪山。由于处在青藏高原隆升地带，地质灾害频发，如山体滑坡和泥石流。为避开自然灾害，藏寨常沿山脊选址修建。为了有效地利用耕地，阿坝藏寨的建筑排布遵循不占熟地的原则，布置在耕地的边缘，因此在坡地上，寨子的建筑相对分散，散落山间。

3.村寨周围山势陡峭，河流深切分割两山，又由于日照强烈，蒸发量大，小气候显著，常出现对流雨。一天之内的天气就像娃娃的脸，阴晴不断，变化迅速，阳光中常常透射出奇妙的景象。秋季，漫山的植物变成了红色，恰与山中的藏寨色彩相映成趣(资料来源：张禹平拍摄)。

4.在川西北山区，公路大多沿地势较低的河谷修建，两岸山势险要，藏寨依山势建在河岸两侧。一串串印着经咒图像的各色风马旗，有方形、角形、条形等各种形状，被有秩序地固定在树枝上随风飘荡，成为藏区自然和人文环境的一种独有而鲜明的象征。西索民居位于马尔康卓克基镇，是嘉绒藏族的居所，该藏寨靠山面水，与卓克基土司官寨隔河相望。

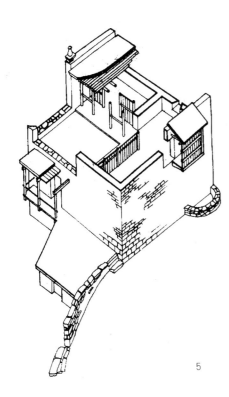

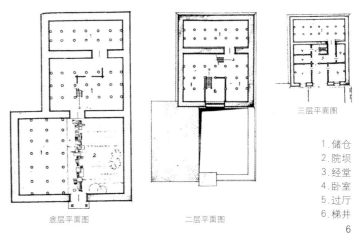

5.藏寨碉楼的做法示意。阿坝嘉绒藏寨的建筑多选取当地富有粘性的黄泥和山林中的
树木、石料作为主要建筑材料，并用黄泥和片石砌成厚厚的墙壁，用树木做梁，用泥
土封顶，墙厚窗小，保暖防寒（资料来源：潘谷西．中国建筑史，2001.87）。

6.由左至右，依次为阿坝县龙思藏乡泽科宅底层平面图、二层平面图、三层平面图。可见该
建筑底层作畜圈及杂用，二层为居室和卧室，三层则用作佛堂和晒台。整栋建筑集住宿、
仓储、畜养等多种功能一体（资料来源：四川省建设委员会．四川民居，1996.167）。

1.储仓
2.院坝
3.经堂
4.卧室
5.过厅
6.梯井

底层平面图　　　　　　　二层平面图　　　三层平面图

6

5

7.由于地处汉藏文化的交汇处，历史上这一地区曾冲突不断，因此每座藏
寨周围都建有几十米高的碉楼，能起到瞭望和防御作用。卓克基土司官寨
更将碉楼的防御文化演绎到极致，整座建筑坚如堡垒，气势恢宏。

8.鹧鸪山下，梭磨河畔的西索藏寨依山势而建，高低错落，鳞次栉比。

9.西索民居中的建筑相互之间距离很小，但巧妙交错相间，避免互相遮挡阳光和视线，并抵挡冬季的寒风，另外也能够满足防卫上的需要。

10.阿坝县龙思藏乡泽科宅的正立面图，呈梯形，从而为房屋提供了稳固的结构；窗开于二、三层，一层不开窗，起到保暖防寒的作用（资料来源：四川省建设委员会．四川民居，1996.167）。

1.储仓
2.院坝
3.经堂
4.卧室
5.过厅
6.梯井

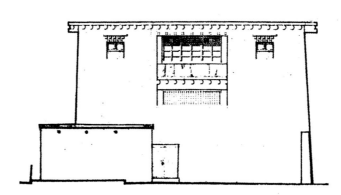

11.阿坝县龙思藏乡泽科宅的剖面图，从中可见各层的功能（资料来源：四川省建设委员会．四川民居，1996.167）。

12.藏传佛教信仰深厚的阿坝藏寨，各家的屋顶上都有迎风飘动的经幡。

13.西索民居建筑用石料和木材建造，分为两层，多用红、白、黄三色装饰。屋顶平台对于嘉绒藏民而言是祭祀神山的重要场所，因此，若屋顶是坡顶，则必在二层留出大露台以满足祭拜的需要。图中露台一角为祭祀神山的白色煨桑塔。

壁和敦实的地基。在建筑材料上，选用当地富有粘性的黄泥和山林中的树木、石料：用黄泥和片石砌成厚厚的墙壁，用树木做梁，最后用泥土封顶，墙壁上仅留出小窗。这不仅保证了建筑的牢固，也使雪山脚下的藏寨保暖防寒，成为了冬暖夏凉的宜居建筑。

在高低起伏的山地中，每一寸平地都显得弥足珍贵。因此阿坝藏寨在选址上尽量选择耕地边的边角地，并往往沿山脊线布局。各个建筑之间巧妙交错相间，既避免互相遮挡阳光和视线，又可抵挡冬季的寒风，从而显示出高低错落的景象。就单栋建筑而言，日照较差的底层作畜圈及杂用，二层作居室和卧室，而阳光最好的三层作佛堂和晒台。整栋建筑集住宿、仓储、畜养等多位一体，尽可能节约空间。

点评：阿坝藏寨选址借用险峻地势，翼然于山脊之上，易守难攻。在地形复杂、气候多变的阿坝州，藏寨因地制宜，以砌石厚墙、梯形小窗以及底层不用于居住等特点保证其建筑冬暖夏凉。神山崇拜、白石崇拜等则反映出人对自然的敬畏之情。

*研究成员：郁秀峰、殷帆、朱以才、刘扬、裴钰、王星、刘迪
*摄影：北京大学城市与环境学院 殷帆

注释

1.杨振之. 青藏高原东缘藏区旅游业发展及其社会文化影响研究[博士学位论文]. 成都：四川大学，2003.19

2.毛良河. 嘉绒藏寨建筑文化研究[硕士学位论文]. 成都：西南交通大学，2005.19

3.毛良河. 嘉绒藏寨建筑文化研究[硕士学位论文]. 成都：西南交

通大学，2005.3

参考文献

[1]刘敦桢. 中国古代建筑史（第二版）. 北京：中国建筑工业出版社，1984

[2]毛良河. 嘉绒藏寨建筑文化研究[硕士学位论文]. 成都：西南交通大学，2005

[3]潘谷西. 中国建筑史（第4版）. 北京：中国建筑工业出版社，2001

[4]四川省建设委员会. 四川民居（附：传统建筑装修图集）. 成都：四川人民出版社，1996

[5]杨振之. 青藏高原东缘藏区旅游业发展及其社会文化影响研究[博士学位论文]. 成都：四川大学，2003

[6]中国科学院中国植被图编辑委员会. 中国植被及其地理格局——中华人民共和国植被图（1：1000000）说明书（上卷）[M]. 北京：地质出版社，2007

[7]中国科学院中国植被图编辑委员会. 中国植被及其地理格局——中华人民共和国植被图（1：1000000）说明书（下卷）[M]. 北京：地质出版社，2007

[8]中国科学院中国植被图编辑委员会. 中华人民共和国植被图（1：1000000）[M]. 北京：地质出版社，2007

作者单位：北京大学城市与环境学院

高山之下、梯田之上的人家——哈尼村寨

Beneath the Mountain and Above the Farm - Hani Villages

汪　芳　王恩涌 *Wang Fang and Wang Enyong*

地　　点：云南元阳

地貌特征：元阳地区位于哀牢山南缘，云贵高原与横断山脉两大地貌区的分界线之上。这里河谷深切，侵蚀严重，沟壑纵横，鲜有平地。在这样的地形之下若想进行农业生产，开垦山地，使之成为梯田是一个绝妙的创举。元阳山间梯田层层叠叠，蔚为壮观。而为了保证最大限度利用可用的耕地，哈尼族村寨都选址于水源不足、难以再开垦成为梯田的坡地上方。

气候特征：元阳地区属亚热带季风气候，冬季温暖，夏季炎热，降雨丰沛，以夏季较多，无明显干季。这样的气候条件适于水稻的生产，因此哈尼族的梯田是层层的水田。

植被特征：亚热带季风常绿阔叶林是亚热带湿润地区典型的地带性森林植被类型。哈尼族村寨喜选址于山腰一处，这样，村寨上方是茂密的原始森林，为村寨起着涵养水源、保持水土的作用；村寨周围喜种棕榈、竹、梨、桃、柿等果木；村寨下方是层层水田，用于种植水稻和养殖鱼苗；山脚的河流用于水田的排水。森林-河流-村寨-梯田形成了良性循环的农业生态体系[1]。

文化特征：哈尼村寨起源于隋唐时期，已有上千年的历史。关于哈尼族的来源众说纷纭，有说其先民迁徙自青藏高原[2]，另一种说法则认为其先民很可能是红河河谷地区的原住民[3]。无论哪一种说法正确，相对于平原地区生活的汉、傣等民族，哈尼族都更适应山地的生活。哈尼族先民选择落脚于山区或半山区，在与自然环境相互依存和适应的过程中，最终形成了以梯田农业生态系统为中心的哈尼族农耕文化。

哀牢山山脉位于云南中部，西起大理州南部，东至红河州南部，延绵近千公里，平均海拔超过2000m，成为一座天然的屏障。由于山地相对高差大，哀牢山气候垂直地

带性明显，山麓河谷干热少雨，山顶寒冷湿润。哀牢山少数民族众多，相对平坦的坝子和河滩下游地带，多被强悍的傣族和壮族占据，相对温和的哈尼族只能选择在山腰定居。

为了满足生活的需要，哈尼人在哀牢山世代开垦耕作，逐渐将坡地修平、熟化，变为水田，从而形成了下至河谷，上至山腰的层层梯田。哈尼村寨修建在坡地梯田之上，高山森林之下，这里可避风寒、固水源，同时便于照管下方的梯田。泉水自山顶流下，穿村过寨，供给人畜饮用，继而流向梯田，灌溉水稻，最终排入河谷。每到冬季，梯田的水稻成熟收割，留下塘塘清水，如同明镜一般。哈尼人的蘑菇房与层叠的梯田组成一幅幅美丽的风景画，成为各地摄影师迷恋的天堂。

梯田是此处整个生态系统的核心，也是哈尼人赖以生存的根本。梯田之中的水稻是生态系统中基本的生产者；

哈尼人维护着整个生态系统的运行，他们发明了木刻分水以控制水量分配的机制，而梯田中独有的冲肥方法也是通过村寨来实施的；梯田中的鱼，则是该生态系统中重要的一级消费者，它可清除水田之中的害虫，同时也为哈尼人提供蛋白质的来源。因此，在哈尼的神话传说当中，鱼是一个十分重要的文化符号，这实际上体现了梯田对哈尼人的重要性。哈尼人对于梯田管理的宝贵经验，使得梯田和山腰上的村落得以长期维系。

由于村寨选址在山坡之上，受地形条件的限制，因此村寨内的建筑一般呈线形排布，平行于等高线。同样的，限于地形，哈尼族民居一般没有院落。由于山区冬季寒冷潮湿，哈尼人通常将村寨选址在向阳的山坡上。

由于红河河谷地区沟谷纵横，交通不便，同一民族产生了多种多样的建筑形式。如西双版纳的哈尼族建筑为竹木构架，红河、元江一带的哈尼族建筑被称作"封火

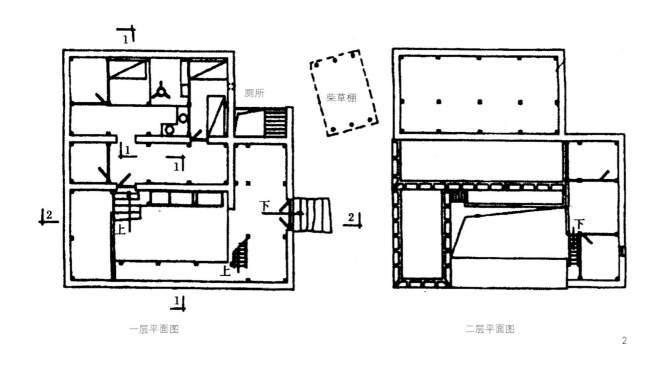

一层平面图　　　　　　　　　　　　　　　二层平面图

2

1.哈尼村寨周围绿树环抱，村寨下方都是层层的梯田。这里的气候常年湿润多雨，小溪自上而下穿过村寨，带来了清澈的泉水供人畜饮用，也提供了源源不断的水源用于灌溉。

2.元阳县逢春岭尼枯补村陈宅的平面图。哈尼"蘑菇房"的平面常呈方形，灶台在一层，并在墙上开一小洞排烟(资料来源：陆元鼎等. 中国民居建筑，2003. 1244)。

3.站在山坡上，可以看到远山层叠高耸，山间云雾缭绕，而脚下则是层层叠叠的梯田。

4.冬季的清晨，层层水田中倒映着斑斓的彩霞，雾气弥漫在河谷底部，梯田仿佛漂浮在云端。

5.哈尼村寨的选址通常选在向阳的山脊上，上方多是葱郁的植被，下方是梯田。

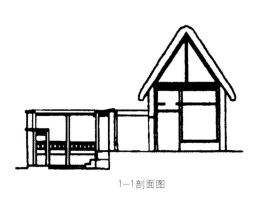

1-1剖面图

2-2剖面图

6.元阳县逢春岭尼枯补村陈宅的剖面图。哈尼"蘑菇房"结构上采用石块奠基、木柱土墙、木梁木屋顶，木或竹的檩条上铺草或瓦。一般由一层的平顶房和二层的坡顶房组成（资料来源：陆元鼎等. 中国民居建筑，2003. 1244）。

7.哈尼"蘑菇房"局部，可见墙体由夯土制成，屋顶铺茅草，门梁等结构部件由木料制成。

8.水是哈尼文化的生命之源，泉水自山上流下，穿过村寨。哈尼人利用这一自然的恩赐，通过水碓和水磨进行生产。

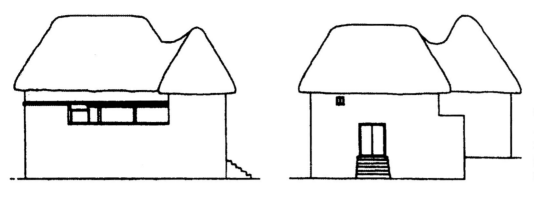

9. 元阳县逢春岭尼枯补村陈宅的立面图。哈尼"蘑菇房"墙上一般不开窗，或只开很少量的小窗洞，屋顶堆茅草，恰似一个个"蘑菇"（资料来源：陆元鼎等，中国民居建筑，2003．1244）。

10. "蘑菇房"是哈尼人家特有的建筑，用石料和夯土建成，上面盖有厚厚的茅草，远远望去就像一个个蘑菇。在靠近城市或交通要道的地方，"茅草"蘑菇房被坚固的砖瓦房所代替，只有在交通不便的山区，才能看见大面积的"蘑菇房"。

11.由于村寨修在山坡上，寨中鲜有的平地便是重要的公共活动空间。

12.哈尼村寨之下层层叠叠的水田景观，由于山高坡陡，哈尼村寨的水田宽度很窄，有"青蛙一跳三块田"之说，而其高则可达千层。

房"，而元阳的哈尼族建筑就是形似蘑菇的"蘑菇房"[4]。"蘑菇房"的建筑材料是当地容易获取的自然材料——生土与茅草。其墙分为地上和地下部分，首先在地下半米处砌墙基，多用沙土，而较考究的则是用石料或砖块；墙的地上部分也高半米，多利用夹板夯土垒成墙体。蘑菇房的一层用于存放农具，圈养牲畜，二层相对干燥温暖，作为住所。最后，屋顶用多重茅草遮盖，形成大于45°的四坡顶——远远望去如同蘑菇，因而得名"蘑菇房"。这样的选材可保证建筑内部冬暖夏凉，而大坡度的屋顶则适应湿润、降雨量大的气候。

点评：哈尼村寨以其"森林-河流-村寨-梯田"的独特三维立体结构和土生土长的"蘑菇房"建筑形式实现了居所建筑与自然地理环境的完美响应。千百年来，这里的村寨和梯田形成了一个完善的生态系统。

* 研究成员：郁秀峰、殷帆、朱以才、刘扬、裴钰、王星、刘迪
* 摄影：北京大学城市与环境学院 殷帆

注释

1．丘燕，曹礼昆．元阳哈尼族梯田生态村寨研究．中国园林，2002(3)：29～30

2．角媛梅，张家元．云贵川大坡度梯田形成原因探析——以红河南岸哈尼梯田为例．经济地理，2000，20(4)：94～96

3．王清华．哈尼族的迁徙与社会发展．云南社会科学，1995(5)：70～77

4．王莉莉，尚涛．浅析元阳箐口村寨乡村景观．山西建筑，2009，35(4)：5～6

参考文献

[1]角媛梅，张家元．云贵川大坡度梯田形成原因探析——以红河南岸哈尼梯田为例．经济地理，2000，20(4)：94～96

[2]陆元鼎主编，杨谷生副主编．中国民居建筑．广州：华南理工大学出版社，2003

[3]丘燕，曹礼昆．元阳哈尼族梯田生态村寨研究．中国园林，2002(3)：29～30

[4]王翠兰．云南民居·续篇．北京：中国建筑工业出版社，1993

[5]王莉莉，尚涛．浅析元阳箐口村寨乡村景观．山西建筑，2009，35(4)：5～6

[6]王清华．哈尼族的迁徙与社会发展．云南社会科学，1995(5)：70～77

[7]汪之力．中国传统民居建筑．济南：山东科学技术出版社，1994

[8]云南省设计院《云南民居》编写组．云南民居．北京：中国建筑工业出版社，1986

[9]中国科学院中国植被图编辑委员会．中国植被及其地理格局——中华人民共和国植被图(1：1000000)说明书(上卷)[M]．北京：地质出版社，2007

[10]中国科学院中国植被图编辑委员会．中国植被及其地理格局——中华人民共和国植被图(1：1000000)说明书(下卷)[M]．北京：地质出版社，2007

[11]中国科学院中国植被图编辑委员会．中华人民共和国植被图(1：1000000)[M]．北京：地质出版社，2007

作者单位：北京大学城市与环境学院

关于上海市中小套型住宅居住实态调查的分析
——住宅装修、能耗、厨卫与设备

An Analysis on the Median and Small Apartment Housing Survey in Shanghai

周静敏 朱小叶 薛思雯 张璐 徐伟伦

Zhou Jingmin, Zhu Xiaoye, Xue Siwen, Zhang Lu and Xu Weilun

COMMUNITY DESIGN | 住区调研 | 98

[摘要] 国家科技支撑计划"绿色建筑全生命周期设计关键技术研究"旨在开发满足多样化居住生活要求的新型住宅产品，创造节能、节地、舒适、健康、和谐的居住空间。这一成果将对提高我国住宅建设水平具有深远意义。为了完成这一研究，首先要了解既有住宅的实态和居民的居住意向。上海市作为全国居民人口最多、居住密度最高的城市之一，其调查结果将有一定的代表意义。

[关键词] 上海市、城市住宅、实态调查、分析

Abstract: *Nowadays, it's urgent to produce new urban housing which are sustainable, comfortable, healthy and harmonious, to meet the various demands for quality living. To achieve the goal of the research, it's the very first step to find out the situations of the existing housing and the ideal projection of the local residents. Shanghai is one of the most populous cities with high living density in China. The result of housing survey analysis carried out in this metropolis will bring representative value to the future studies.*

Keywords: *Shanghai, urban housing, survey, analysis*

一、调查概况

当前我国城镇住宅建设工作的指导思想，一方面要继续高度重视新建住宅的质量提高，另一方面要最大限度地提高旧住宅的使用效能，要通过环境整治、维修养护、功能完善、节能改造等措施，延长住宅使用寿命，减少住宅使用过程中的资源消耗。"十一五"国家科技支撑计划"绿色建筑全生命周期设计关键技术研究"旨在开发整合中小套型高集成度、高耐久性住宅设计技术、系统及产品，满足多样化居住生活要求，创造节能、节地、舒适、健康、和谐的居住空间。这一成果将对提高我国住宅建设水平具有深远意义。为了完成这一研究，首先要了解既有住宅的实态和居民的居住意向。

此次调查于2008年6月至11月期间展开。调查人员由同济大学本科生40余人、研究生70余人组成，调查范围主要在上海市各区县。调查采用入户调研的方式，包括填写调查问卷、实地测绘和照相记录，并于后期根据手绘平面统一绘制CAD户型图。

此次调研共走访135户，其中有效问卷100份。问卷分为住宅概况与人员构成、住宅评价、住宅装修情况、住宅能耗、厨卫与设备、居住意向以及老年人生活现状、老年人居住需求等八个部分。能够较为全面、客观、真实地反映出近年来城市居民居住实态的基本情况。本文是基于住宅装修、能耗、厨卫与设备的分析结果。

二、统计分析

1. 住宅概况与人员构成

该部分包括了住宅形式、层数、建筑面积、套型、建成、入住及上一套住房居住时间、装修情况、家庭结构、常住人口等8个针对住宅及入住家庭基本情况的问题。

(1) 住宅形式

经统计，调查样本中板式住宅占了91%，而塔式住宅仅占9%(图1)。这显示了无论从开发商的角度或是使用者

的角度，板式住宅都因其空间使用率高、均好性好、易实现南北通风及良好采光等方面而受到欢迎。塔式住宅虽然较易实现更高的密度，并且结构较为稳定，但仍因实际使用中舒适度存在问题而不受欢迎。

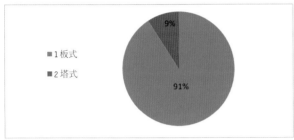

1.住宅形式

（2）住宅高度

统计结果显示，上海地区住宅高度以多层及高层为主，分别占了49％和40％的比例。7～9层的中高层住宅因其运营成本高和空间效率低而较为少见，仅占样本的11％。3层以下的低层住宅在样本中未见实例（图2）。

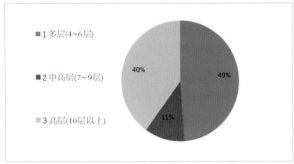

2.住宅高度

（3）建筑面积

调查的住宅样本中建筑面积最大的为160m²，最小的为32m²，100个样本的平均值为89.9m²，其中建筑面积较为集中分布在70～110m²的区间内，约占总数的一半（图3）。

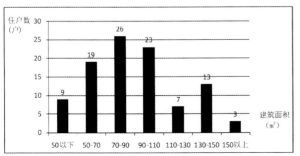

3.建筑面积

（4）住宅套型

调查显示，住宅户型以二室一厅、二室二厅及三室二厅居多，所占比例分别为31％、25％和20％，合计占总比例的76％，与建筑面积统计所显示的70～110m²的区间较为吻合。另外调查显示小户型的一室一厅或二室户也仍占到13％的比例，说明在目前经济条件下，60m²以下的小户型仍有一定的市场需求（图4）。

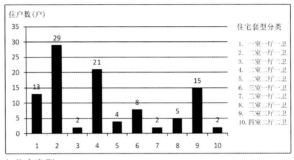

住宅套型分类
1. 一室一厅一卫
2. 一室二厅一卫
3. 二室一厅二卫
4. 二室二厅一卫
5. 二室二厅二卫
6. 三室一厅一卫
7. 三室二厅一卫
8. 三室二厅二卫
9. 二室二厅一卫
10. 四室二厅二卫

4.住宅套型

（5）建成时间、入住时间及上套住房使用时间

调研的住宅对象均系90年代后所建。经统计，样本的建成时间从1990年至今基本均匀分布，这对于研究结论的普遍性和客观性较为有利（图5）。而住户的入住时间集中于2000年之后，占了总数的75％，显示出近年来城市居民住房购买力的提升以及对于改善居住环境的迫切需求（图6）。

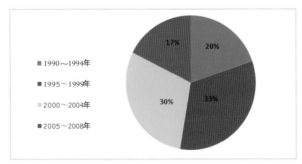

5.住宅建成时间

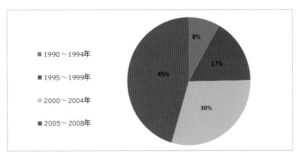

6.住宅入住时间

对于上一套住房使用时间的调查统计显示，目前住房更新的周期基本都在20年之内，6～10年区间内最为集中，占了样本总数的30%，5年以内就会更新住房的也占了25%，而使用超过20年的住房仅占11%(图7)。

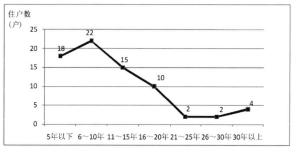

7.上一套住房使用时间

(6)装修情况

住宅装修情况的调查结果显示，虽然目前有许多开发商都提供精装修的商品房，但是出于经济性的考量、个性的追求以及保证装修质量，绝大部分的住户还是选择自己装修，占了80%。选择前住户装修的大多为租赁房屋或者通过二手房买卖开发较早的小户型住房，占了16%。而选择购买开发商装修的商品房的仅占4%，说明目前这类房屋仍缺乏市场(图8)。

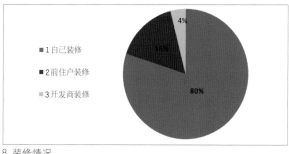

- 1 自己装修
- 2 前住户装修
- 3 开发商装修

8.装修情况

(7)家庭结构

调查显示，核心家庭如今已成为最主要的家庭结构模式，占到了样本总数的近50%。单身、夫妻、主干家庭所占比例分别为10%、18%和12%。单亲家庭和祖孙隔代家庭所占比例较小，分别为3%和1%，在其他类中主要是一些单身青年合租或是兄弟姐妹同住的，占了7%(图9)。

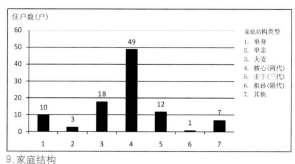

家庭结构类型
1. 单身
2. 单亲
3. 夫妻
4. 核心(两代)
5. 主干(三代)
6. 祖孙(隔代)
7. 其他

9.家庭结构

(8)常住人口数

经统计，三口之家所占比例最多，为48%。100个样本的平均常住人口数为2.81，低于3人。家庭常住人口最多为5人，成员关系一般为三代主干家庭结构(图10)。

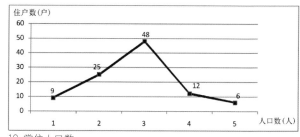

10.常住人口数

2.住宅装修情况

该部分由6个问题组成，分别是户内曾做过的装修改动、户内管线铺设方式、户内自建隔墙的厚度及材料、有没有需要进一步装修改造之处、将来希望做的改动以及改造面临的主要困难。通过统计分析，可以找出住户最为关注的装修方面，以及目前住宅装修中存在的主要问题。

(1)户内曾做过的装修改动

经统计，住户对于户内所作的装修改动中所占比例最高的是室内隔墙，50%的住户都曾有这方面的改动。这也反映出现在一些住宅的室内布局设计上仍存在一定的问题或者局限性，不能满足一些住户日常生活的需求。通过研究户型平面以及调查备注显示，改动主要包括几个类型：小户型住宅的住户多会将阳台打通或拆除一些轻隔墙以扩大室内面积或增大空间感；为增加特定功能房间或卧房数量而将原面积较大的房间隔为两间；户型分隔本身存在不合理之处，影响正常使用或私密性，需要进行重新分隔或改变开门位置。

另外对于门窗、管线洞口及各种电路、水管、数据线等的改动也较多，每项均在30%左右。住户反映的主要问题集中在原有装修中各类插座、电话、网络接口等的数量无法满足家庭日益增加的电器或多个成员同时使用的需求。

调查样本中对于地漏、煤气管和排烟管的改造也占到一定的比例，分别为20%、18%和18%。而承重墙和散热器的装修改造较少，分别仅为9%和4%(图11)。

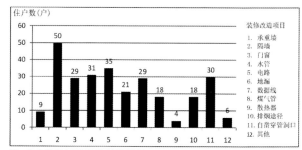

装修改造项目
1. 承重墙
2. 隔墙
3. 门窗
4. 水管
5. 电路
6. 地漏
7. 数据线
8. 煤气管
9. 散热器
10. 排烟途径
11. 自凿穿管洞口
12. 其他

11.户内曾做过的装修改造部分

(2)户内管线铺设方式

住户采用最多的管线铺设方式是墙上剔凿，占了50%，分析其主要原因是装修中埋设操作方便，并且不影响住宅的净空高度。地面埋设因操作及改动较便捷，也占了44%。吊顶内敷设较之前两项操作工艺上较为复杂，因此只占了30%。而明敷由于影响美观几乎不被采用，仅占4%(图12)。

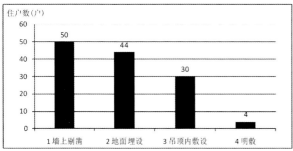

12. 户内管线铺设方式

（3）户内自建隔墙厚度及材料

经统计，100份样本中自建隔墙的平均厚度为15.04cm，其中常用厚度有6cm、10cm、12cm、20cm。材料主要仍以传统的黏土砖或砌块为主，占了38%。但也可以看出，木龙骨或轻钢龙骨等更为轻便环保的材料也越来越普及，分别占27%和22%的比例。其他材料则包括玻璃砖、纸面石膏板等（图13）。

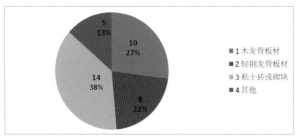

13. 户内自建隔墙厚度及材料

（4）目前或将来有否需要进一步装修改造之处

统计显示，认为目前没有进一步装修改造需要的住户占了65%，远超过认为有需要的住户（图14）。究其原因，首先此次调查的住宅样本中有近半成为2000年后所建的新住宅，并且被调查住户有3/4为2000年后入住，尚未到达装修更新时间；其次这也体现出住户对于目前居住状态的满意程度较高，以及人们日渐理性的消费心态。

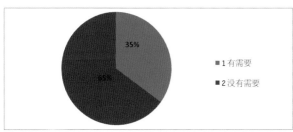

14. 目前或将来有否需要进一步装修改造之处

（5）将来希望做的改动

选择承重墙、地漏、散热器、穿管洞口等装修成形后基本不需改动的项目的较少，各项仅在3%～4%左右。住户对于装修改动的期望主要集中反映在电路和数据线等管线方面，均在20%以上。这主要是因为生活的现代化导致电器设备的更新速度很快，之前的网线布局缺少可变性且数量不够，造成户内处于重新布线的需求之中（图15）。

（6）对户内空间进行改造面临的主要困难

对于户内空间改造的困难较集中体现在承重墙不可改和管线剔凿麻烦这两项上，分别占了32%和34%。对于承

重墙不可改问题的反映说明对于住户而言，现有户型的布局形式仍有一定的局限性，可调节性不足，因此笔者推测框架结构可灵活布局的形式可能更受欢迎。而管线的问题在前面也都有集中体现，笔者推测主要是在更新和改动中存在较大的不便。其次隔墙拆建问题以及与邻里的协商问题也分别占了24%和28%，而与物业的冲突主要只涉及立面和一些开窗问题，因此反映较少，仅12%（图16）。

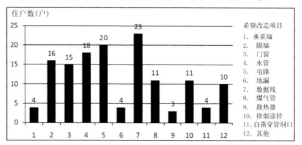

15. 将来希望改造的部分

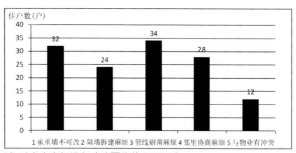

16. 对户内空间进行改造面临的主要困难

3. 住宅能耗

（1）家中所用燃气类型及用途

此次调查的住宅系90年代后所建，通过统计可见使用天然气的住宅比例已逐渐超过煤气，占到53%，而煤气不足一半，为41%。某种程度上这也与上海是国家推行的"西气东输"计划重点城市有关，液化气罐已基本被淘

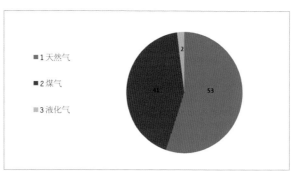

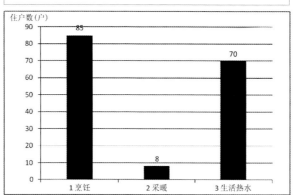

17. 家中所用燃气类型及用途

汰。在用途方面，由于上海属南方城市，住宅很少采用供暖设施，因此燃气主要用于烹饪和生活用水（图17）。

此外，也有不少家庭结构以年轻单身青年或是年轻夫妻为主的住户表示，由于家中很少开伙，多在外解决，因此月耗气量很少。这也一定程度上体现出如今生活方式的多样化使得一些厨房功能弱化和转变。

（2）每月耗气量

经过统计，调查对象的平均每月耗气量为41.26m³。较为集中分布在20～50m³之间，占近一半；其中每月耗气量在50m³以上的多以中年夫妻加子女的核心家庭或者家中有老人的主干家庭居多；而耗气量在20m³以下的则以单身、年轻夫妻无子女或朋友合租的家庭居多（图18）。

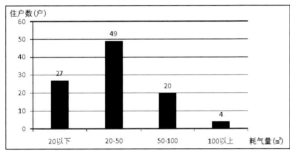
18.每月耗气量

（3）每月用电量

经过统计，调查对象平均每月用电量为114.75kWh。分析推测，每月用电量根据统计一般与家庭常住人口数量、户型大小以及家中大型电器（如空调）的数量有关（图19）。

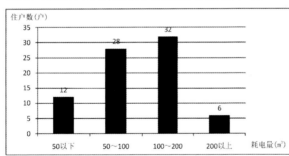
19.每月用电量

（4）冬季采暖措施

上海属南方非采暖地区，因此冬季采用集中供暖和燃气采暖炉的住宅较少，大多数住户都利用分体式空调（83%），仅在需要时进行供暖。也有一部分住户采用户式集中空调供暖（7%）、电暖器局部供暖（12%）或者不采取任何供暖措施（5%）（图20）。

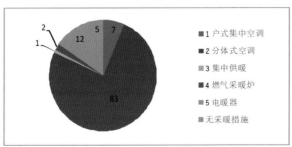
20.冬季采暖措施

（5）夏季降温措施

上海夏季高温，大部分住户都有空调制冷的需求。选择分体式空调的占了92%的比例，也有近30%的住户使用电扇降温。需要说明的是选择电扇的住户绝大部分也都选择了分体式空调，说明他们会根据天气情况选择使用不同的降温措施。采用户式集中空调和空调扇的住户较少，不及10%（图21）。

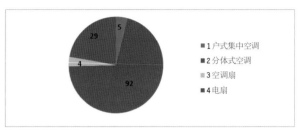
21.夏季降温措施

（6）分体式空调数量及总功率

住户户均拥有分体式空调为2.43台，大部分住户拥有2～3台空调（占60%），也有一部分住户没有或仅有一台空调（占21%）。这与调查中以中小户型居多有关。拥有5台以上（包括5台）的则只占极少数。空调平均总功率为3.5匹（图22）。

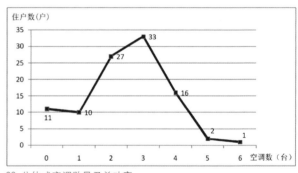
22.分体式空调数量及总功率

（7）供应生活热水的设备

调查显示，上海地区住户选择的生活热水供应设备以燃气热水器居多，占88%；部分使用电热水器，占21%；而使用集中热水供应的较少，仅占3%（图23）。

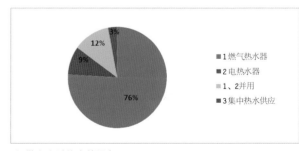
23.供应生活热水的设备

（8）户内生活热水每日使用情况

大部分住户对于热水，都采用何时用，何时运转的方式，占了总样本数的67%。而其他方式分别仅占13%、9%、11%，说明目前大部分人都具有一定的节约能源的意识（图24）。

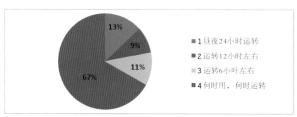

24.户内生活热水每日使用情况

(9)灯具所用光源类型

从图表上反映，对于荧光灯和白炽灯的选用数量基本各占一半，选择荧光灯的略多于白炽灯(图25)。调查分析表明，虽然白炽灯能耗大，寿命短，政府目前宣传使用节能灯具的力度也较大，但由于中国家庭长期的使用习惯，加之其的确有光色柔和、显色性较好、价格又便宜等优点，因此仍占有很大一部分市场。这就要求在技术上必须找出具有更好的性能和更高性价比的替代品，才能将其淘汰。

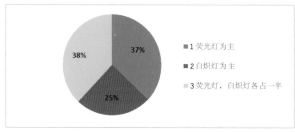

25.灯具所用光源类型

(10)用电量最大的3种电器

电视、冰箱、空调作为现代家庭必不可少的3大件是被选择最多的耗电量较大的电器，分别占54%、78%和84%的比例(图26)。空调所占比例最高，除了其能耗本身较大外，也可看出随着生活水平的提高，人们对于室内空气舒适度的要求也越来越高，许多家庭特别注明在冬夏季家庭用电量明显上升。同时，调查中也显示，随着电脑的普及，使得它成为家庭耗电量第四大的电器，并有赶超电视的趋势。

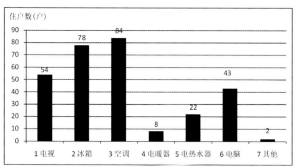

26.用电量最大的电器

4.厨卫与设备

(1)影响厨房功能布置的主要因素

在此项调查中，有57%的住户认为房间形状是影响功能布局最主要的因素，所占比例最高，由此可见房间的形状仍是功能布局最为基本和决定性的因素。而选择燃气管、水管、烟道等管井位置的也较多，分别为42%、38%和30%的比例，这与厨房特定的功能要求有关。其中水

槽、灶台、电气设备等的摆放位置都受到预设管井的限制，因此在设计中需要多加以考虑。此外选择门窗位置的占23%，而由于上海处南方地区，因此对于散热器的需求极少，仅有2%住户选择该选项(图27)。

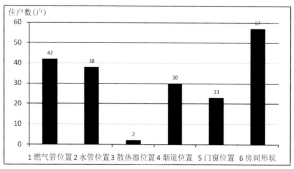

27.影响厨房功能布置的主要因素

(2)影响卫生间功能布置的主要因素

和厨房相似，卫生间的布局同样由于其特定的功能而受到诸多因素，特别是管井位置的影响。在调查中，同样有53%的住户选择了房间形状这一基本要素，另外排水管由于决定着坐便器、地漏等多数卫浴设备的位置，也占到了47%的比例。此外选择给水管和管井位置的分别占了34%和29%。由于多数卫生间会设吊顶，因此风道位置并非决定性因素，仅占9%。无住户选择散热器位置作为影响因素(图28)。

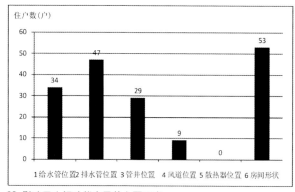

28.影响卫生间功能布置的主要因素

(3)厨房灶台排烟方式

调查显示，76%的家庭厨房灶台排烟方式采用了排烟道，而只有24%的家庭是直排的，其中大部分为建造年代较早的老式住宅(图29)。相较于通过排烟道排烟，直排的方式易使门窗受到油污污浊，对室内环境造成二次污染，影响空气质量，并可能对邻里公共空间造成影响，引发矛盾，因此并不受到欢迎。

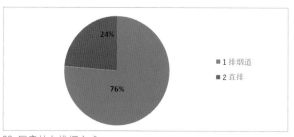

29.厨房灶台排烟方式

（4）户内采取的排水方式

经统计，86%的住户采用穿楼板排水，是被采用最多的一种排水方式。而后排水和降板排水则分别仅占了9%和5%（图30）。从中可以看出，既有住宅的排水方式是很不合理的，这也是造成维修不便、户间噪声的重要原因之一。

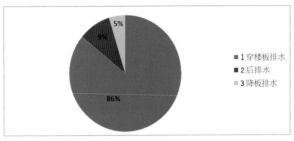

30.户内采取的排水方式

（5）目前排水方式存在的问题

对于排水存在的问题，住户反映最多的是维修不便，给正常使用带来麻烦，占60%。此外对于排水噪声的反映也较多，占45%，可以看出现在对于居住环境舒适度的重视程度正在上升。对于排水点布置不合理、占用面积和层高的反映分别为33%、34%和25%，主要是一些户型排水点位置影响装修美观或是室内家具设备的布置（图31）。

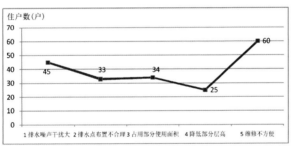

31.目前排水方式存在的问题

（6）需要增加用水点的房间

从数据表中可以明显看出，住户普遍认为阳台是最需要增加用水点的房间，占了43%，远超过其他房间（图32）。分析其原因，主要有几个方面：一些小户型住宅，特别是卫生间面积明显不足的住户，会选择将洗衣机放置在阳台上，这样能节约室内空间，并便于晾晒，这就需要有给排水的渠道；此外，阳台通常还具有种植花草等功能，比户内其他空间用水的几率更高；许多住宅拥有北向工作阳台，通常用于堆放清洁用具，也会有用水需求。总之，

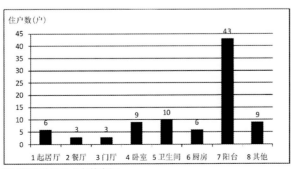

32.需要增加用水点的房间

阳台已成为继厨房、卫生间后家居用水的必需点之一。

（7）通风方式

97%的住户家中主要采用自然通风的方式，厨房和卫生间采用机械排风的住户也分别占了22%和32%。此外，有1/3以上的住户在调查备注中提及了通风采光问题（图33）。由此可见，对于生活性很强的住宅，自然通风对于室内空气环境质量的重要性，它是住户在选择和评价一套住宅舒适度时的主要指标之一。

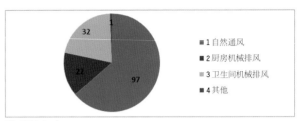

33.通风方式

（8）在外墙上开设通风口的影响因素

在此项调查中，68%的住户选择了室内空气质量，29%选择了室内温度，仅7%选择了室内无风感（图34）。由此可见，住户开设通风口的主要目的是改善空气质量和室内舒适度。相比空气质量而言，温度则可能主要依靠空调系统来调节。而对于无风感则关注较少，并非主要的影响因素。

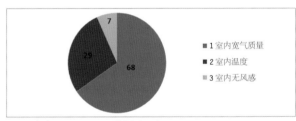

34.在外墙上开设通风口的影响因素

（9）室内设通风设备留通风口的位置

对于风口位置的选择，54%的住户选择了门上做可开启扇，相比门下设缝（27%）和墙上开风口（19%）的方式（图35），门上做窗不仅导风性能好，操作或改动也较便捷，不会影响墙面的整体美观。

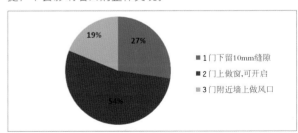

35.室内设通风设备留通风口的位置

（10）希望电表水表安装的位置

传统的住宅大部分将电表安装在室外公共走道上，而将水表、煤气表安装在室内（图36）。但此次调查显示，人们显然更希望表能安装在户外，这样抄表员的操作就不会影响住户的日常生活作息，也更能保证住户家庭的私密

性和安全性。

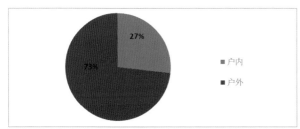

36. 希望电表水表安装的位置

（11）电气开关箱跳闸情况

此项调查显示，现在家用电器开关的安全性能显著提高，经常跳闸的几乎没有，53%的住宅偶有发生，而44%的住宅从不跳闸（图37）。

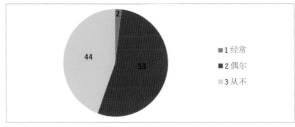

37. 电气开关箱跳闸情况

（12）电气开关箱跳闸通常是哪个开关

对于开关跳闸的调查显示，最经常出现跳闸情况的开关为插座及空调，分别占了24%和26%，主要原因推测仍是电功率较大造成的。插座上经常接驳各类电器，尤其是许多家庭都反映户内插座数量不够的情况，需要使用接线板来扩充容量，这就更增加了因过流而跳闸的几率。而灯、厨房、卫生间开关跳闸所占比例分别为14%、10%和6%（图38），这些空间所使用电器的功率都不高，跳闸可能是住宅电路老化造成的。

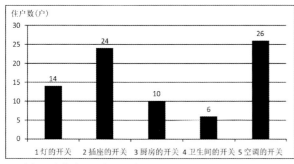

38. 电气开关箱跳闸通常是哪个开关

（13）户内管线哪些设置不合理或不够用

此项调查中，最为集中反映的问题是插座和网络接口的数量不足，分别占61%和43%（图39）。主要原因是由于现代家庭生活中新型电器产品和科技产品的数量的增加，尤其是电脑网络的普及。往往家庭中人人都有不同的上网需求，电脑也不只一台。因此在住宅设计中，应当尤其关注这些细节的设计。对于其他选项，被选比例基本都在10%左右，关注度并不高，而暖气由于上海是非采暖地区而无人选择。

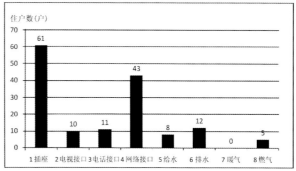

39. 户内管线哪些设置不合理或不够用

三、结论

调查显示，住户普遍反映装修和设备方面存在较多问题。电路、给排水管、电话、数据线路存在着安装、改造、维修不便，而且分布不均、数量不足，对居民的生活造成困扰。

随着国家对住房市场的政策调控和监督的完善以及居民生活质量的提高，人们对住宅的舒适度和全寿命会有更高的期待和要求。此次调查中所反映出的问题对于完成绿色建筑全生命周期设计关键技术的研究、未来住宅的设计以及既有住宅的改造设计都具有一定的参考价值。

*该课题为国家科技支撑计划重点项目（2006BAJ01B01）

参考文献

[1]"十一五"国家科技支撑计划重点项目"现代建筑技术与施工关键技术研究"课题申请指南. 建设部科学技术司, 2006.10

[2]周静敏. 小区项目定位调查与分析. 五洲工程设计研究院, 2007

[3]日本建筑学会编. 建筑·都市计画のための调查·分析方法. 东京：井上书院, 1991.11.25

[4]何建清. 我国城镇住宅事态调查结果及住宅套型分析. 住区, 2006（03）：10～15

[5]刘志峰. 建立符合我国国情的住房建设和消费模式. "第五届中国国际住宅产业博览会高峰论坛"的讲话, 2006.08.17

作者单位：同济大学建筑与城市规划学院

集成技术对住宅全生命周期能耗的影响

The Influences of Integrated Technology on Housing's Life Cycle Energy Consumption

杨小东 王 岩 张 鹏 王 贺 黄 路
Yang Xiaodong, Wang Yan, Zhang Peng, Wang He and Huang Lu

[摘要]通过建立实例模型，本文计算并比较了集成住宅与常规住宅在能耗和舒适度方面的区别，从而论证技术集成是有效降低住宅全生命周期能耗的一个重要途径，并为后续研究提供思路和依据。

[关键词]集成技术、全生命周期、能耗、住宅

Abstract: *Based on a case model, the energy consumption of a typical residential building by highly integrated technology is calculated and the differences in energy consumption and comfort are compared between the new type building and the traditional ones. It demonstrates that the highly integrated construction technology is an important way to reduce the energy consumption all the housing's life cycle and can be a base for the successive study in the future.*

keywords: *integrated technology, life cycle, energy consumption, housing*

一、住宅的能耗要素

1.建筑的能耗

在能源消耗和环境负荷越来越紧迫的今天，节能减排作为评价指标被广泛用于工业产品。把建筑作为建筑工业的产品来看，能源消耗同样具有指标意义。《绿色建筑评价标准》对绿色建筑的定义是：在建筑的全生命周期内，最大限度地节约资源（节能、节地、节水、节材）、保护环境和减少污染，为人们提供健康、适用和高效的使用空间，与自然和谐共生的建筑。从概念上来看，其一个重要评价标准就是能源消耗，四节一环保和舒适水平成为建筑绿色性能的基本要求。

2.从建筑全生命周期(LC)的范畴分析住宅的能耗

对住宅的分析，是建立在建筑全生命周期的基础之上的。建筑全生命周期(LC)主要包括原料提取、建材生产、运输、施工、建筑运行、改造、拆除等(图1)，其中，建材生产和建筑运行(使用)是最主要的环境影响源。传统工业时期将一个产品的周期形容为＂从摇篮到坟墓＂的阶段，实际上随着生态及可持续发展思想的觉醒，工业产品的生产消费模式逐渐发生转变，＂废弃物＂的概念已经从生命周期中被＂可再生物＂替代。建筑产品在生命周期结束时，也相应增加了再利用的阶段，或转化为无害物质重新回到自然环境，或转化为其他工业生产的有用原料。从一开始就寻求建筑物、社区和系统对人类和环境健康产生更多全面的积极影响，而并非较少的废物和较小的负面影响，这种升级回收的方式即形成了产品＂从摇篮到摇篮＂的生命周期过程。建筑全生命周期评价(LCA)提供了对建

筑在全生命周期中的各种性能评定的时间周期界定，其概念是由iso14040标准化加以描述，从地球环境可持续的角度定义为评价产品对环境负荷影响的手段。也就是说，其不仅仅是评价在生产产品过程中对材料和能源的消耗，还包括产品的使用过程及拆除循环利用过程中对环境负荷的综合评价。

在建筑生命周期的每个阶段都有能源在消耗，为了量化在生命周期内建筑的能耗情况，首先要得到各阶段的能耗情况。建筑生命周期能耗(Life Cycle Energy Consumption，简写为LCE)主要由五部分组成，见公式1。

$$LCE = E_m + E_t + E_c + E_o + E_d \quad (公式1)$$

其中，LCE为建筑的生命周期能耗，E_m为建筑材料的含能，E_t为建筑材料的运输能耗，E_c为施工能耗，E_o为运行维护及改建能耗，E_d为拆毁能耗。

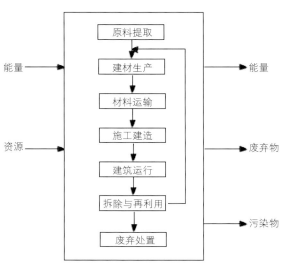

1.建筑生命周期示意图

二、研究对象及技术特点

1.模型选择

为了使研究结果具有同比意义，以同一实例(北京市永定路甲4号院项目)、同样的建设背景(地点、时期、开发模式)、采用不同的设计、建设技术建立模型，用以比较不同建造技术对住宅全生命周期内能耗情况的影响。在以往的一些研究过程中，通常是选择运用节能技术的典型案例和其他楼栋来横向比较。由于比较的两栋楼的建设环境、功能布局和使用条件不一样，如果其测算数据折算成单位面积的能耗基本单位量值，只能纠正建设规模带来的

2.永定路甲4号院项目总体透视图

差值，并不能体现使用条件和服务功能带来的偏差。运用同一栋建筑作为蓝本来比较，比较过程和陈述结果会更为直观。但是整个测算过程是建立在计算机系统和能源消耗测算软件的计算分析之上，需要在将来的使用过程中进行实测分析来对数据加以补充和修订。

永定路甲4号院项目是中日技术合作项目，由中国建筑设计研究院、日本市浦设计事务所、北京雅世置业集团公司三方合作，旨在推进住宅建设中的先进技术和提高住宅的性能品质。该项目一共包括8个楼栋，以南北向为主导朝向，同时有少量东西朝向的楼栋，如图2。出于节地和院落围合的考虑，所有南北向楼栋设置了转角拼接单元。本文选择1号楼作为测算对象，因为采用了综合集成技术体系，其在平面布局上具有针对中小套型集成住宅的特点。

2.集成技术特点

集成是电子领域的概念，是把一些辅助功能配件连接到主要配件上，并整体发挥功能效应。而在建筑领域，集成技术就是为了最大限度地发挥节能性能和满足舒适型要求，将采暖空调、换气、热水供应、厨房和照明等不同用途的节能技术与作为维护结构的建筑物有机地联系起来，以最佳的组合形式结合在一起，寻求更为节能、环保与舒适的建造策略。集成技术本身是个开放的系统，能将各个先进的专项技术纳入其技术体系，以获得整体功能效应。为了与常规住宅相区别，我们将采用集成技术体系的住宅称之为集成住宅。

通过课题研究小组的技术比较和对实际工程的分析，永定路甲4号院项目主要使用了多项与传统施工技术相区

别的技术策略，这其中包括平面套型的改良优化、管线与结构分离技术、地热采暖综合技术、给水分水同层排水、烟气水平直排和全热型换气系统等。为了检验这些技术的使用是否有助于降低住宅的能源消耗，我们在项目进入施工图阶段同期进行了测算分析，从全生命周期的角度来比较集成技术（模型一）和常规设计与施工技术（模型二）的能源消耗情况。需要指出的是，集成技术体系中的各个专项技术实际上并不仅仅是针对降低能源消耗来开发使用的，它们更多是来自自身系统的技术更新和优化，对能源消耗的影响主要间接体现在建筑（住宅）的全生命周期过程中。我们运用的一些数据分析公式和计算机测算软件系统所需的基础数据和参数也并不是各个集成技术单项能直接提供的，同样需要在研究过程中加以分类折算。我们将影响住宅的能源消耗的基本参数按模型一和模型二列表如下（表1）。

模型一和模型二的基本参数 表1

	模型一	模型二
建筑面积	8000	8100（主要是外保温带来的建筑面积的增加）
建筑外墙面积	5500	5800
空调面积	7200	7200
结构体系	小砌块砌体	混凝土剪力墙
围护结构	190mm空心混凝土砌块＋30mm内保温 传热系数0.5W/m²·K	35mm外保温＋190mm现浇混凝土 传热系数0.5W/m²·K

三、两个模型各阶段能耗对比情况分析

在得到两个比较模型之后，我们可以从住宅全生命周期的范围来考虑其能源消耗状况。在住宅的生产阶段，建筑材料和结构体系的选择决定了房屋的生产和施工方式，材料生产和施工建造这两个过程所消耗的能源联系十分紧密，不同的结构材料直接决定了施工过程中选择能耗的形式和消耗。因此，在已有的研究案例中，一般是将材料耗能E_m和施工耗能E_c整体统计，借助对已有建成项目的统计得到的数学公式，能得到两个模型在投入使用前的能耗。

住宅使用阶段的能耗E_o与使用者紧密相关，也是住宅在全生命周期中时间最长的主要耗能阶段。借助IES-Virtual Environment（IES-VE）软件来分析确定使用耗能E_o，是本次研究的重点。

而运输耗能和拆除及再利用过程的能耗受地方产业布局、材料以及拆除手段差异影响，不确定因素较多，无法进行详细统计。根据已有文献的分析判断，以往的研究者也多是通过对国内外资料的研究估计出相应的计算公式。本次研究予以采纳使用，同时将全生命周期5个阶段归纳为住宅使用前、使用过程中和使用后三个阶段（表2）。

建筑全生命周期阶段划分 表2

建材生产及建筑施工	材料生产耗能E_m
	建筑材料运输耗能E_t
	施工耗能E_c
运行使用	使用与维护耗能E_o
拆除与再利用	拆除与再利用耗能E_d

1.建材生产与建筑施工能耗

将材料生产耗能、建筑材料运输耗能和施工耗能统计在一起体现了住宅产品实现居住功能总的生产能耗，这三个过程也是层层影响的，并且各自有多项基本因素及派生因素来计算和核定各个阶段的能耗情况（表3）。篇幅所限，这里不一一分析各项指标的汇总统计过程，直接采用本研究单位于2006年完成的《绿色建筑的结构体系与评价方法研究报告》中得到的能源消耗表（表4）。

住宅生产阶段的各项能源消耗影响因素 表3

阶段能耗	影响因素
材料生产耗能E_m	建材种类、建材用量、建材损耗、建材寿命和更换周期
建筑材料运输耗能E_t	长途公路、短途公路、船运
施工耗能E_c	场地清扫、材料堆放、起重机运行、场地布置与平整、临时供电、基础开挖、人员运输

各类结构体系能源消耗指标（GJ/m²） 表4

结构类型	住宅	
	6~7度	8度
小砌块砌体	1.947	1.947
混凝土剪力墙	3.592	3.592

选择住宅8度区的数据作为计算依据，得到模型一的能耗为22000GJ，模型二的能耗为39386GJ。

2.运行使用能耗

在住宅全生命周期内，运行耗能所占的份额最大，同时也是与使用者紧密相关的部分。从国家节能标准规范来看，50％和65％这两个节能指标也主要是指建筑使用阶段的节能，对于建筑设计师和建设者更具有指标性的控制意义，因此要对其进行详细的计算分析。在本文中，采用IES-VE能耗

模拟软件对两个模型进行年能耗模拟计算（图3，表5）。

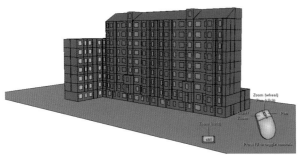

3.软件模型示意图

模型对比情况   表5

	模型一	模型二
生活热水	0.2L/m²·d(天然气)	0.2L/m²·d(天然气)
灯光照明	2W/m²	2W/m²
人员密度	0.02人/m²	0.02人/m²
自然通风	2次/h	2次/h
机械通风	0.03次/h	无
冬季采暖	地板采暖(运行时间可调)	普通热水采暖(24h运行)
采暖热源	家用天燃气炉	市政热水锅炉
锅炉效率	0.89	0.65
建筑寿命	70年	70年
年运行能耗	533326kWh	658064kWh
年CO₂排放量	86.6t	116.8t
运行期内总能耗	134398GJ	165832GJ
运行期CO₂排放量	6062t	8176t

根据软件模拟分析的结果（夏季空调室内设计温度25℃，冬季采暖为18℃），模型一在典型年内总能耗量为533326kWh，单位面积能耗为67kWh/m²·年，模型二在典型年内能耗量为658064kWh，单位面积能耗为81kWh/m²·年。采用了集成技术的模型较普通模型每年可节能124738kWh，节能率为19%，其中最主要的能耗差别集中在冬季采暖期。传统住宅取暖是采用集中式热水24h连续供暖，锅炉效率较低，管路热损失较大，家中无人或是采暖负荷较小的情况下无法进行调节，对能源造成极大的浪费。而集成住宅采用的是高效家用天然气炉作为热源，效率高，基本不存在管路热损失，更重要的是由于采用的是分户式计量，住户会注重根据自己的冷热感受来调整室内采暖的需求，通常住户在家中无人情况下大都也会停止采

暖，因此采暖能耗大大降低。与此同时，二氧化碳排放量每年可减少30t，运行期内共减少排放2100t，减排率达26%。

根据软件模拟的结果，在每年11月中旬至次年的3月中旬的采暖期内，集成住宅耗热量指标为12.4W/m²，明显低于居住建筑节能设计标准里面规定的限值14.65W/m²。其每100m²采暖能耗为3525kWh，而根据清华大学的调研报告，北京市普通住宅100m²的采暖能耗为5000kWh，二者相比，可降低30%左右。两种模型典型年内能耗以及各月能耗如图4及图5所示。由此可见在寒冷地区，改善住宅采暖方式，推行分户式采暖计量的重要性及高效性。假设建筑寿命为70年，按照1kWh=3.6MJ的比例进行换算，则模型二在运行期内能耗为165832GJ，模型一在运行期内能耗为134398GJ，减少近31434GJ。

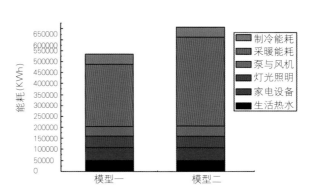

4.两种模型年能耗量对比

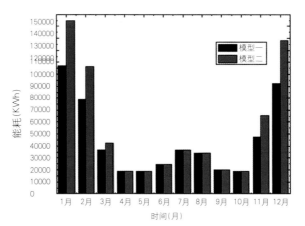

5.两种模型典型年内各月能耗对比情况

3.拆除与再利用阶段的能耗

拆除与再利用阶段包含了住宅拆除和拆除之后的材

料回收利用两个过程。建筑的拆除方法与建筑的结构体系相关，比如代表集成技术的小砌块结构体系（模型一）采用机械拆除和人工解体结合的方式，而代表传统建造技术的钢筋混凝土结构体系（模型二）则多采用爆破和机械拆除的方式。因此不同结构体系的住宅在拆除过程中的能源消耗是不一样的。国内有学者根据国外的研究成果和国内的现实情况，将拆除过程中的能耗细分为拆除能耗和覆土、填充材料的运输能耗（表6）。本文认为两个模型的覆土、填充材料的运输能耗一致，掩埋施工面积取200m²，填充平均深度H取3m，填充材料平均密度ρ取1200kg/m³，平均掩埋运输距离取10km，单位运输能耗E运取1.84MJ/t·km。

拆除过程中的能耗分类及影响因素　　　　　　表6

破坏拆除阶段能耗	影响因素	计算公式
拆除能耗	拆除能耗按施工能耗的90%折算	
掩埋能耗	施工面积、覆土填充平均深度、覆土填充材料平均比重、平均运输距离	$E_{拆} = 0.9 \cdot E_{施工} + S_{掩埋} \cdot H_{填充} \cdot \rho_填 \cdot L_{运输} \cdot E_运$

在回收过程中，拆除后的材料有些是可以直接回收使用的（与原有用途相同或者接近），如部分玻璃、木材、铝材、钢材等。还有一些是需要进行再加工或者通过粉碎等手段改变材料形态和使用目的另作他用，如拆除的砖石一般用于道路和挡土墙等场地工程。从建筑（住宅）的全生命周期来看，因为这些材料已经不再进入新建筑的建造循环过程，对这类材料的处理所消耗的能耗只是考虑将建材从建筑地点运往处理地点的运输能耗和最后改作他用的基本能耗。而对于可回收建材的能源消耗界定为运输和再加工两个方面，如表7所示。从全生命周期循环来看，当重新加工后的材料再次投入使用时，这部分叠加的能源消耗应计入新一轮的能耗统计中，而在本次循环不加以统计。

拆除后的材料的利用情况及能耗影响因素　　　　表7

拆除后的材料	影响因素
对于不再次利用的材料	运输距离、运输单位建材能耗
通过二次加工可再使用的材料	废建材总重量、回收率、运输距离、运输单位建材能耗、加工能耗

由此得到拆除阶段模型一的能耗为6421GJ，模型二的能耗为6889GJ。

4.生命周期总能耗

根据对集成住宅（模型一）与常规住宅（模型二）全生命周期内各阶段能耗的对比，得到生命周期内总能耗情况，模型一总能耗为162819GJ，模型二为212107GJ，采用了集成技术后使得住宅在生命周期内的总能耗降低了23.2%（以普通住宅为基准）。各阶段具体能耗及节能率如表8及图6所示。

两个模型全生命周期能源消耗对比情况　　　　表8

生命阶段	模型一	模型二	节能率
建材生产及施工	22000GJ	39386GJ	44.1%
运行使用	134398GJ	165832GJ	18.9%
拆除与再利用	6421GJ	6889GJ	6.8%
总计	162819GJ	212107GJ	23.2%

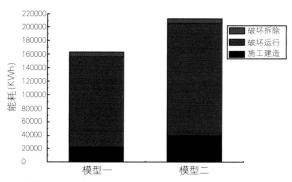

6.两种模型生命周期能耗对比

在各阶段的能耗对比中，建材生产及建造施工阶段的节能率达到了44.1%，运行能耗节能率为18.9%，破坏拆除阶段节能率为6.8%，可见建筑物所采用的建筑材料以及施工方式对降低全生命周期能耗的贡献率最大。两种模型各阶段能耗构成如图7所示。

四、结论

1.粗放使用到可控使用带来的节能

集成技术体系在提升居住环境舒适性能的同时也让使用过程更为可控。比如地热采暖采用了温度调节系统，在人不使用房间的时候可以关小或者关闭采暖系统，这和传统集中采暖方式的使用工况是不同的。又比如在集成住宅中，由于采用了可控的通风设备，能够持续有效地补充冬

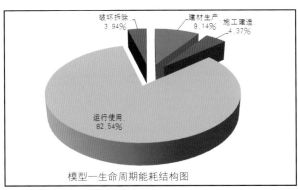

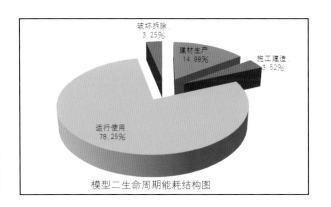

7.两种模型生命周期能耗结构对比

季采暖期间的新鲜空气，而传统开窗通风方式往往带有使用者的随机性，大面积的开窗通风对室内的采暖负荷也带来较大的影响。集成技术从居住使用的角度提供了节能的途径。

2.集成技术实现了住宅全生命周期的综合节能

根据北京市地方标准DBJ11-602-2006，新建或改建项目在保证相同的室内环境参数条件下，全年采暖能耗应低于1980年住宅通用设计采暖能耗基准水平的65%，无论是传统的建筑技术还是集成技术均要满足这个标准，这直接对住宅的维护结构体系的传热系数做出了相应的规定。集成化的外墙体系和传统建造体系的外墙为了实现保温隔热性能，均要通过增加保温隔热层或其他构造措施来实现节能目标。因此，两个模型在使用阶段的单项节能值是一样的。需要强调的是，集成化的技术外墙体系通过与管线和内保温系统的优化组合，更利于住宅在使用过程中的可调性和替换，在一定程度上简化了房屋更新的程序，从延长住宅使用寿命的角度降低了能源的消耗。

3.在同等能耗条件下集成技术提高了住宅舒适性能

集成技术体系具有的新风换气和恒定水压等专项技术不能通过数据测算量化比较能源消耗的优劣。但是这些技术的应用能改善居住品质，符合人对住宅的根本需求。无论何种技术，最终是为人服务。在能源消耗相当的情况下，人的使用感受从主观层面上为集成技术的运用成效评价给于了补充和肯定。通过技术集成的手段实现绿色性能现在已经成为建筑发展的主要趋势，而且也是我们的一种责任。而获得绿色性能不是说让我们片面减低能源材料消耗的数值回到原始状态，而是要在提高人居质量的前提下实现绿色性能。

由于本文所涉及到的集成技术在国内处于初期实验和推广阶段，本次研究仅是通过对使用过程的估计和预测来推算能源消耗情况，尚需要在实例模型建成之后通过实测加以验证。

＊十一五国家科技支撑计划课题：绿色建筑全生命周期设计关键技术研究（课题编号：2006BAJ01B01）

参考文献

[1]黄明星，顾道金.建筑节能的全生命周期研究[J].华中建筑，2006(8)

[2]清华大学建筑节能研究中心.中国建筑节能年度发展研究报告2008.北京：中国建筑工业出版社

[3]顾道金，朱颖心，谷立静. 中国建筑环境影响的生命周期评价[J]. 清华大学学报(自然科学版). 第46卷,2006(12)

[4]姜兆黎，娄霓等.绿色建筑的结构体系与评价方法研究报告. "十五"国家科技攻关项目，2006

[5]乔永峰.基于生命周期评价法的传统民居的能耗分析与评价[D].[硕士学位论文].西安建筑科技大学，2006

[6]居住建筑节能设计标准.北京市地方标准(DBJ11-602-2006)

作者单位：中国建筑设计研究院

一次"后策划"实践
——深圳东部华侨城海菲德红酒小镇策划案思考

An "After Programming" Experience
Reflections on Shenzhen Overseas Town East Project Programming

舒 楠 朱晓东 王 健 *Shu Nan, Zhu Xiaodong and Wang Jian*

[摘要]本文通过回顾深圳东部华侨城海菲德红酒小镇项目的"后策划"实践经历,总结和思考了了"后策划"在大型旅游地产项目执行过程中的作用和意义。

[关键词]红酒小镇、生态、旅游、后策划

Abstract: *This article focuses on the practice in ecology tourism programming of the Shenzhen Overseas Town East, and tries to explore the indispensable significance of after-programming in the execution of large tourism projects.*

Keywords: *wine sea field small town, ecology, tourism, after-programming*

一、缘起

深圳东部华侨城,坐落于深圳大梅沙,占地近9km²,是华侨城集团投资50余亿元人民币精心打造的,以"让都市人回归自然"为宗旨、以文化旅游为特色的山地生态旅游度假区。"大侠谷"、"茶溪谷"、"云海谷"是东部华侨城的三大主题区域,集生态动感、休闲度假、户外运动等多项文化旅游功能于一体,体现了人与自然的和谐共处。

2007年7月底,东部华侨城一期隆重试业。11月初,我们受邀来到东部华侨城。感佩于华侨城人实现"山海梦境"的魄力和远识之余,借海菲德红酒小镇的策划与东部华侨城结缘。

二、项目背景与需求

海菲德红酒小镇,是东部华侨城二期"大侠谷"景区的重要节点之一。它依托东部华侨城生态旅游大环境的战略思想和建设理念,重点在于对葡萄酒旅游文化的传播和体验,同时与其他生态旅游主题项目动态衔接,完美契合于东部华侨城"大侠谷"生态旅游版块中。

海菲德红酒小镇建在一狭长的沿山势不断升起的斜坡地段上,长约2km,是游客进入东部华侨城的必经之地。规划上以大侠谷瀑布为界,分为前街和后街。沿街两侧是1~2层、局部3层、进深7m~8m的商铺。前街紧邻东部华侨城主入口的图腾广场,因自然地形条件与广场地面形成21m的高差。规划对这个高差的解决办法是,利用110m的平程距离,在此建一座葡萄酒文化展示中心,人流主要通过展示中心内部的楼梯、扶梯,提升至前街标高,进入海菲德红酒小镇,再到达其他景区。

在保证建设质量和工程进度的双重压力下,红酒小镇正在紧张建设。入口处体量巨大的展示中心,希腊风情的前街,已经准备施工,北美峡湾森林风格的后街已经初具规模……随着工程建设量的快速增长,集团领导也敏锐地意识到问题——有图纸上的,如:通过展示中心进入前街景区的人流疏散是否存在隐患？游览路线是否交叉？被命名为"红酒小镇"的规划，没有注入内涵，似乎只是几幢"空壳"构筑物的组合，围绕"红酒"命题的规划思路不够清晰；建筑设计中，红酒文化元素的感官提炼和展现如何表达？绿色的、生态的、自然的建筑理念如何生成等等。也有图纸外的：红酒小镇的发展策略需要理顺关系、明确方向，主题定位不够明确，商业风格如何确定，营销模式尚未确定等。

寻找问题是策划的开始。基于上述情况，华侨城集团领导希望我们发挥专业"外脑"的资源优势，在不影响现有建设进度的前提条件下，对红酒小镇的"现状"问题进行诊断，对"未来"蓝图进行全方位的策划。之所以称之为"后策划"，意在表明此次策划行为不是发生在项目的初始阶段，而是伴随项目的进行过程中，通过与集团领导深入沟通、实地考察、分析问题、修正图纸，最终提出解决方案。所有过程均在动态中进行，策划的成果直接指导施工的执行。

三、解决方案

1.红酒小镇的发展策略

行业分析是任何战略的起点。华侨城集团在东部华侨城的建设中实现了传统战略思路的两大突破：(1)从都市娱乐旅游向山海湖生态旅游的转变，提出了"让都市人回归自然"的主题思想；(2)从传统生态旅游向现代生态旅游的转变，强调"新科技，新人文，新生态"，树立起行业范围内独树一帜的旅游产品。

葡萄酒旅游在葡萄酒工业十分发达的国家已经成了休闲度假的潮流。在中国，这种旅游形式刚刚起步，但发展速度惊人。华侨城集团此次以"红酒小镇"为形式载体，主打以葡萄酒为主题的生态旅游牌，既顺应了民族葡萄酒业和葡萄酒旅游业飞速发展的需要，也丰富了生态旅游资源，同时为葡萄酒相关的旅游区规划和景观环境注入了全新的设计和经营理念。

发展策略，是实现旅游发展目标、使旅游产品具有创新性和可操作性，从而获得良好的经济效益和社会效益的战略方针。在要把红酒小镇"做成什么"这一点上我们与华侨城集团领导达成了一致共识：

(1)经济文化发展策略

首先，红酒小镇是一个经济生命体，保持商业街区富有经济活力的首要条件是使其商业设施和业种构成、经营方式和服务内容适应时代需要，突出生态旅游主题，促进消费，获得经济价值。

其次，创造富有红酒小镇个性特征的地域特色文化，发掘红酒主题内涵，在实现经济、社会和美学价值的同时，寻求并吸引国际国内知名的红酒品牌汇集于此，打造国际性的融红酒旅游文化、红酒销售于一体的特色环境，使游客在梦幻的小街享受红酒至醇的华丽。

(2)景观环境发展策略

打造红酒文化的环境载体红酒小镇，需要对红酒文化要素进行形象提炼，从而提升小镇的个性化价值，确立独特场所感。

(3)生态可持续发展策略

追求技术生态可持续发展(如绿色技术、被动太阳能技术)、景观生态可持续发展(利用自然生态规律改善微观生态气候，降低能耗)和文化可持续发展(对地方文化的尊重)，真正将生态旅游做到"实至名归"。

2.红酒小镇的主题定位

葡萄酒是大自然的甘露，封存着土地与气候的密码，凝聚着天地之精华。

葡萄酒与宗教、文学、艺术、诗歌、雕塑等的历史渊源和内涵使其具备丰厚的人文底蕴。

葡萄酒考究的生产过程、完美的品酒体验、雅致的时尚生活，满足了现代都市人对于高品位生活的渴望。

葡萄酒文化所散发的追求和谐与感悟、体验创造与激情的气质与"大侠谷"板块以"森林、阳光、大地、河流、太空"为主题元素的生态理念不谋而合。

在红酒小镇的发展方针策略指引下，结合上述葡萄酒的生态文化精神，我们给出海菲德红酒小镇的主题定位：

- 一个葡萄酒文化的环境载体(理性的思维——逻辑)；
- 一方与红酒约会的陶醉之乡(感性的思维——情感)；
- 一处国际名门红酒集散码头(形象的思维——形式)；

3.规划理念的创意落实

创意落实的重点在于，如何从主题定位中提炼出独特的规划理念，通过其将创意内涵植入空间规划和设计实践之中，最终落实创意：

(1)规划理念一：片段重现红酒历史文化场景

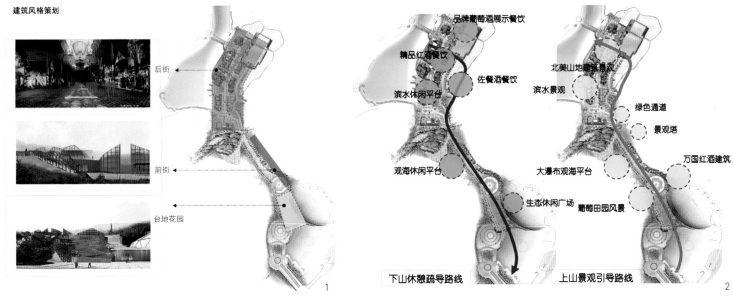

建筑风格策划

后街

前街

台地花园

品牌葡萄酒展示餐饮

精品红酒餐饮

佐餐酒餐饮

滨水休闲平台

观海休闲平台

1

北美山地建筑景观

滨水景观

绿色通道

景观塔

万国红酒建筑

大瀑布观海平台

生态休闲广场

葡萄田园风景

下山休憩疏导路线 | 上山景观引导路线

2

1. 建筑风格策划
2. 游憩线路策划

挖掘红酒特有的文化内涵及人文精神，营造欧洲古典小镇的空间氛围、精致景观和宜人尺度，片段重现与红酒文化相关的历史场景；

• 重现红酒酿造、调制过程；

• 表演葡萄采摘、收获与庆典狂欢场景；

• 展示经典酒窖、酒具、酒街风情、酒神节；

• 建立红酒文化博物馆。

(2)规划理念二：营造现代都市生态文化休闲空间

• 注重现代都市人群的休闲娱乐空间环境需求，设立配套公共场所；

• 设立世界五大酒庄酒品专卖店；

• 营造红酒餐桌文化餐饮环境；

• 建立红酒学院、红酒爱好者俱乐部、红酒博物馆等。

(3)规划理念三：动态规划酒街节奏感和戏剧性

注重游客心理需求，使小镇游历充满节奏感和戏剧性，仿佛一出精彩的剧目，有开篇、高潮和尾声，空间有序展示动态的三场戏：

• 开篇：体验自然——田园诗情葡萄园；

• 高潮：娱乐休闲——歌舞升平逍遥游；

• 尾声：幽静怀旧——小街深深品酒意。

三个场景，内容丰富，循序渐进。相应的街区肌理和建筑单体形态随游客的游览路线不同而变化，通过积极、综合、动态、统一的规划手法形成节奏感和变化感，使游客获得非凡的感受。

(4)规划理念四：取消前街实体建筑，突出后街"核心区"，重新界定红酒小镇范围

• 突出重点，寻求亮点——重点放在后街地下窖藏，红酒博物馆，演艺中心；

• 有张有弛，收放自如——营造前街轻松愉快，后街雅致有序的氛围；

• 以点带线，以线带面——前街以"线"为主，交通为先，后街以"面"为主，建筑为重；

• 形成系列，井然有序——以知名酒庄的名字命名后街建筑，呼应名门红酒集散码头的主题定位。

根据小镇前街、后街的现实需求和未来发展的可能，将后街定位为小镇核心区，包括后街地面建筑、表演中心、地下窖藏和滨水特色酒吧街。而长度不足1km，两侧布满商铺的前街，作为进入景区的必经通道，在旅游高峰时段，势必容易造成人流拥堵这样一个现实难题。通过反复思考论证，我们给出了解决方案：取消原规划中希腊风格的沿街建筑，以通透、飘逸、浪漫的小品"远帆"点缀上山的这段道路，引导上山人流的快速通过及下山人流的小憩、购物和驻足，也呼应了东部山海、绿色的生态主题。所谓前街也因此虚化了传统意义上"街道"的含义，而延伸为充满田园野趣的一段轻松旅途(图1~2)。

4. "台地花园"化解交通危机

海菲德红酒小镇，是游人经过东部华侨城主要入口——图腾广场，进入景区后的第一个景点，更是进入其他景区的必经之地。既然是"咽喉要道"，解决好交通问题就成为"重中之重"。

从图腾广场至红酒小镇的前街，需要提升21m高差。处理好这一自然地形带来的交通不便，形成景区入口明确的方向感，达成游人的自然顺行，并协调好"海洋之心"入口关系，同时还需具备良好的生态景观就成为策划的关注所在。

最初的规划设计是，利用110m平程，在此建一座体型硕大的酒文化展示中心，游人通过室内垂直工具提升至前街的同时，还可以多一

个参观游览酒文化的选择。该设计带来的问题如下：

问题一：使整个景区的主入口导向性减弱(图3)；

问题二：展示中心内部的参观人流和路过人流严重交叉，造成游线组织迂回曲折；

问题三：展示中心建筑本身体量感过大，不仅破坏周边生态景观环境，与广场右侧的"海洋之心"演艺中心也缺乏呼应协调。

针对问题我们提出了几项对策：

对策一，保留原规划中的展示中心外壳，重点设计建筑内部空间，

重新组织垂直交通流线，解决提升问题。而将展示中心的屋顶和墙面铺满绿色植被，来掩饰大体量建筑给环境带来的突兀感和不协调。我们设计了几个方案，并建立空间研究模型，分析利害关系(图4~5)。

对策二，取消展示中心建筑，通过设计露天的台地花园解决垂直交通，将主要人流线路以"之"字形的坡道形成主线贯通上下，以自动扶梯做为人流提升的主要工具；通过露天台地的层进式提升通过方式，彻底解决入口人流的集散问题；同时将台地花园的下部空间作为"海洋之心"演艺中心的设备用房，巧妙协调了"海洋之心"的入口

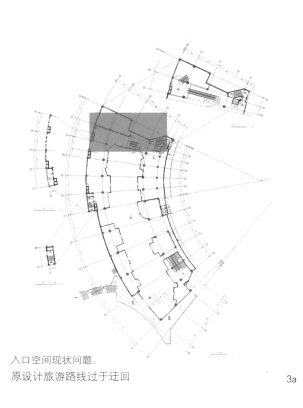

入口空间现状问题：
原设计旅游路线过于迂回

3a

入口空间现状问题：
原设计入口的引导性不强

3b

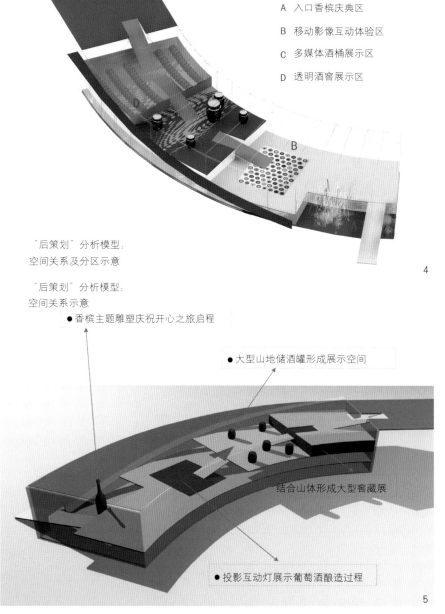

A 入口香槟庆典区

B 移动影像互动体验区

C 多媒体酒桶展示区

D 透明酒窖展示区

"后策划"分析模型：
空间关系及分区示意

"后策划"分析模型：
空间关系示意

● 香槟主题雕塑庆祝开心之旅启程

● 大型山地储酒罐形成展示空间

结合山体形成大型窖藏展

● 投影互动灯展示葡萄酒酿造过程

4

5

6. 最终实施的台地花园
7. 后街平面
8. 红酒的舞蹈
9. 后街地下平面

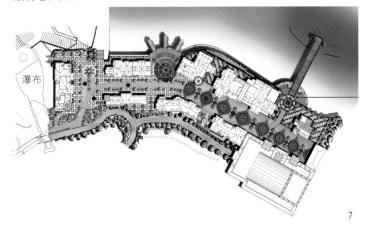

世界五大酒庄窖藏及相关区引入示意图

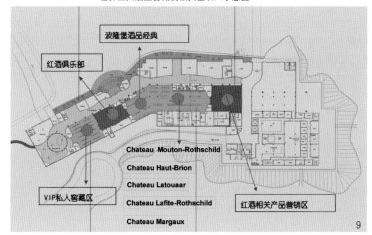

关系。在这个方案里，人流是空间的主导者(图6)。

经几番讨论后与集团领导达成一致：取消大体量展示中心建筑，改建台地花园。

5. 红酒小镇后街地下建筑设计——经典酒庄窖藏区创意策划

将酒庄窖藏布局在红酒小镇后街地下空间，是经过全面分析后深思熟虑的决定(图7)。

(1)经典酒庄窖藏区的空间创意，源于"一瓶红酒的舞蹈"。红酒的"舞蹈语言"带来的整体意象用四个字概况：酒、语、舞、乐，对应人的行为方式：观赏、品酒、交谈、轻歌曼舞(图8)。

(2)将现状的带状空间划分为由动到静、由公共到私密的多层次主题展示区域。

公共开敞区布置世界五大酒庄经典区、民族品牌(如波隆堡绿色生态葡萄酒)展示区与红酒相关产品(如雪茄，奶酪，香料等)营销区。

半开敞公共区设立会员制红酒俱乐部，把欣赏品鉴红酒的人聚在一起，营造欢乐。

私密区设置VIP会员的私人红酒收藏空间，典雅、小巧、舒适(图9)。

6. 红酒小镇"造梦"由夜晚开始——灯光照明创意策划

海菲德红酒小镇照明设计创意源于红酒与情感。运用现代照明科技，把建筑、街道、天幕形成一个统一的新媒体，以展现饮用红酒后，在生命体内产生的情感变化。光色采用暖色调中的橙色光——红色光——玫瑰红色光。这三种色彩不断地交换，动静快慢相结合形成有节奏的韵律变化，像是摇摆中红酒的色彩，更是红酒在身体内变化而引起面部所表现出来的色彩。我们希望能给人们一种强烈的视觉冲击力，从中感受到红酒文化与现代生活碰撞所引发的戏剧性变化，并使它成为"大侠谷"景区中的一个亮点。

在街道中间地面镶嵌LED模块灯，形状有葡萄、葡萄叶，生动形象地丰富了街道的地面，把前后街充满妙趣地连接在一起，也是后街天幕的另一种有效延续(图10~12)。

7. 红酒小镇的LOGO设计——VI系统创意策划(图13)

(1)标志以酒神狄俄倪索斯的抽象形象为整体造型。

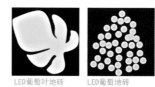

照明创意示意图

红酒浅尝至沉醉				

情感波动曲线

色彩随情感波动

时间段设计	18:00—20:00	20:00—21:30	21:30—23:00	23:00—24:00

10

在街道中间地面镶嵌LED模块灯，形状有**葡萄、葡萄叶**，非常生动形象，丰富了街道的地面，把前后街很好的连接在一起，也是天幕的另一种有效延续。

LED葡萄叶地砖　　　LED葡萄地砖

11

1. 18：00～20：00　黄色光(常规照明)　　　　　　　　　　　　进入体验
2. 20：00～21：30　彩色光(橙—红—玫瑰红)缓慢变化　　　　　　进入体验
3. 21：30～23：00　彩色光(橙—红—玫瑰红)有节奏的变化　　　　进入体验
4. 23：00～24：00　彩色光过度到晚间常规功能性照明　　　　　　进入体验

12

SEA FIELD
13

(2)构成酒神形象的字母"S"、"F"为海菲德英文"sea field"的首写字母。"s"与"f"卷曲形成葡萄藤的形状。"s"形成人物的卷发，其上的三瓣叶子形成葡萄叶的简化造型，成为酒神头上的葡萄花冠，寓意生长、自然、纯净。

"s"下半部分卷曲的造型形成玫瑰花的图样，玫瑰的深红色与芳香的特点与红酒酷似，它在欧洲文化中拥有爱情、热情、浪漫等含义，其所蕴涵的欧式风情与海菲德这样一座欧洲风格的红酒小镇相呼应。

(3)眯起的眼睛和微笑构成一幅生动活泼的表情，传达出陶醉与快乐的感情含义，显示出海菲德红酒小镇是人们的陶醉之乡和快乐所在。

(4)标志色彩选用酒红色，稳重优雅而不失热情与活泼，与红酒小镇的主题相一致，传达出浪漫、热情的欧洲风致。

四、结语

策划是一个充满智慧的过程，但也可以朴素地理解为一种流程，一种运用脑力的理性行为，找出事物的因果关系，对未来的事情做出当前的决策。回顾海菲德红酒小镇的"后策划"经历，我们更加深刻地感受到：在超高速发展的中国建筑行业中，不仅项目建设的前期需要策划来做先导，而且在规划贯彻执行的全过程中，策划的科学性和独立性都是不容忽视的。同时，策划中甲乙双方的互动也是至关重要的。在东部华侨城的策划工作中，华侨城人的思想方法为我们工作的开展提供了强有力的支持和帮助。互动中求得洞见与共识，也是我们这次策划工作的有益经验和美好记忆。

作者单位：清华大学建筑设计研究院

"失重" 之重

The Weight of 'Zero Gravity'

呈现在读者面前的这本画册，是深圳市建筑设计研究总院／孟建民建筑工作室近年来建筑创作与思考的成果汇编。题名"失重"，在此显然不局限于一种物理学概念，作者将其表述为"一种创作状态"，进而又可以被视作一种态度、一种实验，及一种自选方法与路径。其创作团队一直在追求这种状态，因为"失重"意味着无拘无束，由此可以为种种天马行空的设计思考与创意表现提供出口。无论是对埃舍尔的矛盾空间的推演，还是对宏观宇宙结构与微观生命结构的模仿，抑或将空间与结构角色进行戏剧般的转化，均是创作者对单一或多重预设课题所作出的个性回馈。而在此探索的过程中，其创意、设计与风格亦自然地流露出来，没有拘禁、做作与矫情，而是如流水线般明快而洗练的表达。仅就此而言，"失重"的意义不言自明，且已然令我们心生向往。

但除却直面纸张上林林总总的建筑模型与设计图纸而得来的启示，我们仍然有迫切的问题需要追问，即建筑之"重"来自何处？

对这个问题标准答案的求索恐怕是徒劳的，因为我们必须承认建筑自身的复杂与矛盾。即使是单一的个体，也在或多或少地改变着街道、城市乃至国家与整个星球的面貌。这种作用力也许并不明显，而是潜移默化的，但其存在的客观性至少提供了一个情境与口实，使得任何群体或个人可以堂而皇之地随性加以评说。当建筑委身于这个层级，纠缠于公众审美与价值判断的漩涡之中，便愈发远离纯粹，而更加似是而非。更有甚者，各种利益关系无孔不入的渗透，也令建筑难以把持。目前，建筑的形式本身，已经无法被建筑学所统辖。其意义也不局限在建筑学范畴之内，而在更广泛而隐蔽的政治体系与文化范畴之内。因此，建筑之"重"，实际便是建筑师所承受压力的转嫁与外在表象。

值得庆幸的是，我们感受到了社会各界越来越多的关注目光聚焦在建筑领域的顽疾。《"失重"》无疑是一记重音，为胸怀高远，并有志于冲破桎梏的设计师抛出了掷地有声的回应。他们的实验与创造可能尚待完善与成熟，但坚定与决绝却让我们看到了持续与深入的希望。此外，我们也期待着国家与公众的响应，当民族整体的审美心理与价值标准出了问题，我们也无法寄望于建筑的自律能够解决。其就如同一棵大树，若要生机勃勃、枝叶繁茂，归根结底，还要依靠脚下的土地与头顶的阳光。

"SOUND OF PEACE"
-EXPANSION OF THE MEMORIAL HALL
OF VICTIMS IN NANJING MASSACRE

"和平之声"——侵华日军南京大屠杀遇难同胞纪念馆扩建工程

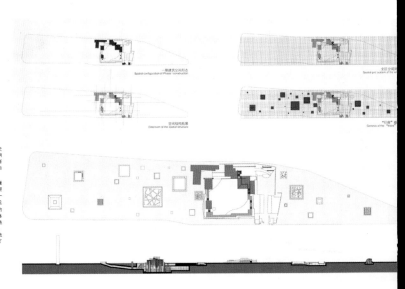

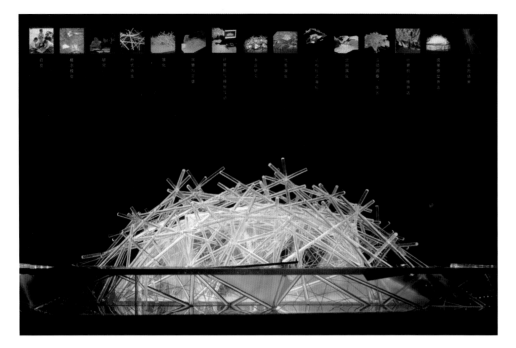

CONTEMPORARY
VISUAL ART CENTER

当代视觉艺术中心

一个建筑的结果是如何产生的？是建筑的概念的表达．形式过程预设的结果？还是通过建筑自身体系的生成、演化与发展过程抛除预设的结果或形式的设计过程，使其具有开放的可能性。通过当代视觉艺术中心的设计，使我们有机会重新审视建筑学本身的一些基本问题，并对其进行思考与探索。

当代视觉艺术中心的设计其功能主要为城市提供一个艺术交流的信息平台。方案的设计灵感源自民间儿童游戏棒。长短不一的杆件通过搭接、组合，产生富有张力的抽象形式。随着数量的增多及搭接位置的不同，形式成复的可能性也越来越多。哪个"美"？哪个"丑"？似乎没有答案的评判标准。我们从强烈的视知觉探索开始，强调个体的视觉空间体验。

编织通过对形式的不断演绎，研究其自身的语言模式，从而确定了编织等级及其生长法则。参与编织的杆件必须有着明确的分级——遵循单元到组群的分类原则——才能使建筑具有一种生长的可能性。

杆件在地图按结构等级共分四个等级。一级杆件为主受力杆件。二级杆件为次受力杆件。两者共同编织成形式主体的结构体系。三级杆件与一、二级杆件共同组成复杂连缀的玻璃折叠表皮层。部分主体杆件沿伸至地下，与地下结构杆件共同组成稳定体系。

杆件的编织即是建筑的表皮，同时也是建筑的结构。其结构编织打破了常规的静力传递模式，利用分散化的方法代替均等的支撑模式，梁可以分义，柱子可以成梁，各个元素可以成为连续的结构体系。传统的应力传递模式被模糊，各传力构件之间的界限也被模糊。

编织按照结构等级的次序产生一个复杂的形态。这是在不断的叠加合成而出现的。这是一个非线性的过程。如何控制其最终的形态色，如何描述这个看似复杂的系统。通过研究发现，整体造型由若干长短不一的杆件组成。每一个杆件其物理空间信息由杆件上的两个控制点及其间杆件的长度决定。而控制点的位置决定了形的饱满度与疏密度。通过研究、调整控制点的空间分布，利用模型与计算机的交互操作，研究形式自身的语言逻辑，从而产生复杂、动感、有机的形式和空间。可以说，设计的过程就是生长的过程，而生成的形态则是视觉的直觉与理性的控制共同的结果。

设计是过程而非再现的。设计中充满了感性与理性，混润与秩序，随意与控制的动态转化过程。从设计起点的直觉形式到设计结果的开放可能性，整个过程充满了戏剧性。

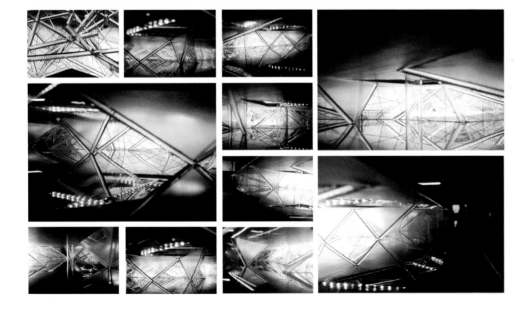

征稿启示

《住区》2009年第3、4、5期拟定主题《历史住区》、《老人住宅》、《城中村》，欢迎广大读者来信来稿。

主题：历史住区

历史住区，或称历史聚落(Historical Settelment)，包括传统城镇、街区、村庄等人类生活聚居区，是文化遗产的重要类型。本期《住区》希望通过介绍传统住区的文化特色与价值，探讨具体的传统住区保护与发展的规划思路与措施，从而提高我国历史住区保护的整体水平。

截稿日期：2009年4月30日

出版日：2009年6月15日

主题：老人住宅

截稿日期：2009年6月30日

出版日：2009年8月15日

主题：城中村

截稿日期：2009年8月30日

出版日：2009年10月15日

稿件要求：

1.应根据每期《住区》设置的主题来确定文章的内容，并对该主题涉及的各层面选定契入点进行深入的剖析，发表自己的研究成果、具体实践以及阐述自己的思想、理念、观点等。文字约3000～5000字左右。要求图文并茂；

2.实例要求(国内、国外住区实例均可)，文字介绍600～800字左右，标明项目名称、地点、时间、主要经济指标(占地面积、建筑面积、建筑层数、结构形式等)。图纸要求：设计构思草图、总平面、环境设计图、轴测图、表现图、平立剖面图、模型照片、建筑实景照片(室内、室外)；

3.图片要求色彩和层次真实、丰富，图片电子版分辨率应不低于350dpi；

4.来稿请附中、英文问题、摘要和关键词，并注明作者单位及联系电话；

5.来稿无论刊用与否，收稿后3月内均将函告作者，在此期间，请勿一稿多投。

"住房的可支付性与市场稳定性"国际研讨会简讯

International symposium on housing affordability and market stability

【简讯】2009年3月25～27日"住房的可支付性与市场稳定性"国际研讨会在清华大学召开。此次会议由中华人民共和国住房和城乡建设部住房保障司、清华大学建筑学院、《住宅研究》(Housing Studies)编委会、英国Heriot-Watt大学多家单位共同主办，得到了《Housing Studies》基金会、招商局地产控股股份有限公司的资助。会议的开幕式由清华大学建筑学院副院长、清华城市规划设计研究院院长尹稚教授主持，中国住房和城乡建设部住房保障司司长侯淅珉、清华大学建筑学院副院长毛其智、英国《Housing Studies》编委Ray Forrest先生各自代表主办单位致辞。

此次会议旨在增进住宅研究领域的国际交流，为我国住房政策的研究提供参考，并促进年轻学者在住宅研究学术领域的成长。为期三天的会议共有23位中外专家和学者就"住房的可支付性与市场稳定性"问题发表了演讲，数百位来自政府部门、科研机构、高等学校、规划设计和房地产开发企业的同行参加了会议。

研讨会第一天以"保障性住房的世界各国经验"为主题，来自英国、澳大利亚、荷兰、美国、印度、法国、俄罗斯、日本、韩国以及中国的11位学者分别介绍了最新研究成果，其中包括各国的可支付性住宅政策和供给问题、当前金融危机对住房市场的影响、可持续发展的社会住宅状况、住房问题和宏观经济发展、住房的可支付性与市场稳定性的政策调控等方面。会议的第二天，针对"中国的住宅设计与研究"，来自建设部、清华大学、北京大学、国家住宅与居住环境工程中心、中国科学院以及国外大学的11位学者，从四川灾区的社区重建、中国保障性住房的政策研究、规划设计标准、住宅工业化的发展、高集成度住宅的设计、北京住房发展与问题等方面展开深入讨论。会议的第三天，组委会组织了部分外国专家参观了北京回龙观居住区、奥林匹克公园、北京旧城历史文化保护区，进一步增加了国外学者对中国城市居住和建设问题的了解。

清华大学建筑学院住宅与社区规划设计研究所承担了此次国际会议的组织工作，在住宅研究领域建设一个开放的、综合的学术交流平台也是住宅所在2009年的重要学术目标，此次会议拉开了其2009年系列学术活动的序幕。

《OLD HOUSES IN NEW DALIAN 大连城市探珍——南山老房子测绘展》

The Exhibition of Exploring Old Houses in New Dalian

对于大连这个有百余年建市历史的城市，存在了八、九十年的老房子无疑是见证和代表城市文化特质的珍贵财富。大连老房子指建造于上世纪初殖民统治时期的住宅，汇聚了当时欧亚的折衷主义与现代主义的建筑风格，南山街近代住宅群为最具代表性和魅力的区域之一。

本次展览，源于大连理工大学建筑与艺术学院师生的周末"城市探珍"活动，旨在"发现、记录、表现、思考"正在快速消失的这部分遗产。展览以硕士研究生建筑设计课程的教学与研究成果为主线，目的在于通过大连南山近代住宅群的实地测绘与表现，深度认识老房子的现状、文化价值，引发可持续保护和利用的思考；另一方面，研究和尝试崭新的建筑、艺术的表现手法，更好地再现大连城市的历史风貌。

展览名称：《OLD HOUSES IN NEW DALIAN 大连城市探珍—南山老房子测绘展》

展览时间：2009年4月18日～6月18日；AM.9:00-PM.6:00

展览地点：TOSTEM GALLERY 大连通世泰画廊，大连市西岗区黄河路352号

主办单位：大连理工大学建筑与艺术学院

协办单位：大连通世泰材料有限公司、LOSH－one（龙声创意工作室）

策划与监制：范悦（大连理工大学建筑与艺术学院院长、教授、博导）、周博（大连理工大学建筑与艺术学院副教授、博士）

展览内容：大连市南山近代住宅建筑群的图片、测绘图、模型等，并举办座谈会。